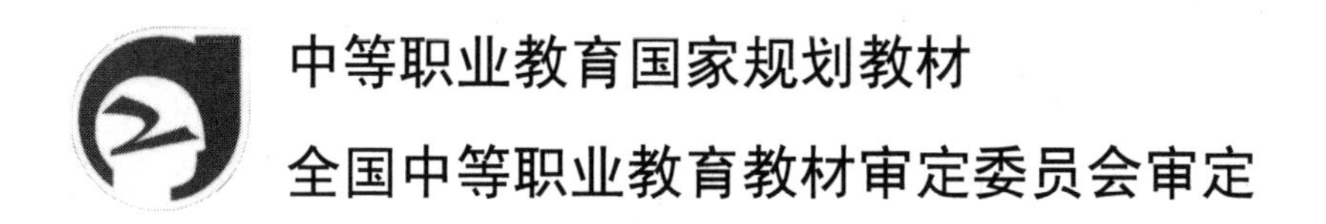

计算机组装与维修实训

（第4版）

李　丰　欧倍铭　主　编
刘　佳　赖振辉　副主编
伍　波　黄　彬　王丽双　参　编

電子工業出版社
Publishing House of Electronics Industry
北京 • BEIJING

内 容 简 介

本书以一名职场新人的工作经历为主线，系统性地介绍计算机组装与维护的基础知识。根据岗位工作流程与教学认知过程的特点，本书将相关知识体系分解为8个学习项目和16个实训任务，并分别创设对应的职业场景，将知识点融入岗位实践当中，同时保持学习的连贯性和知识的实用性。

本书内容翔实、条理清晰、通俗易懂，与职业应用紧密结合，并配有丰富的电子教学资源，既可用于中高职院校计算机相关专业的课程教学，也可以用作计算机硬件技术培训班和广大计算机用户的参考书。

图书在版编目（CIP）数据

计算机组装与维修实训 / 李丰，欧倍铭主编. —4版. —北京：电子工业出版社，2022.5

ISBN 978-7-121-42790-9

Ⅰ. ①计… Ⅱ. ①李… ②欧… Ⅲ. ①电子计算机—组装—职业教育—教材②计算机维护—职业教育—教材 Ⅳ. ①TP30

中国版本图书馆CIP数据核字（2022）第018393号

责任编辑：郑小燕　　文字编辑：徐　萍
印　　刷：三河市龙林印务有限公司
装　　订：三河市龙林印务有限公司
出版发行：电子工业出版社
　　　　　北京市海淀区万寿路173信箱　邮编　100036
开　　本：787×1 092　1/16　印张：12.25　字数：314千字
版　　次：2004年2月第1版
　　　　　2022年5月第4版
印　　次：2022年5月第1次印刷
定　　价：39.80元

凡所购买电子工业出版社图书有缺损问题，请向购买书店调换。若书店售缺，请与本社发行部联系，联系及邮购电话：（010）88254888，88258888。

质量投诉请发邮件至 zlts@phei.com.cn，盗版侵权举报请发邮件至 dbqq@phei.com.cn。

本书咨询联系方式：（010）88254550，zhengxy@phei.com.cn。

前　言

本书紧密贴合职业教育和岗位应用的需求，以工作实践过程为主线，循序渐进地介绍了计算机的基本组成、主要部件的特点、常用软件的安装、系统的备份与恢复、计算机故障的诊断与修复及计算机产品的选购；最后还结合实际工作场景，设计了 4 个综合应用实训，通过具体的应用案例，培养学生运用知识解决实际问题的能力。

本书在整体设计上具有如下特点。

1．内容覆盖

本书通过一名刚入职新人的工作和学习过程，展开对计算机硬件设备和软件系统的介绍，包括计算机的组成概况、计算机部件的性能与选购、计算机的组装与测试、Windows 7/10 系统和应用软件的安装、系统备份与恢复、计算机的保养维护、计算机产品的选购、常见故障的诊断与排除、计算机技术的综合实训等内容，使学生对每个学习环节都能有一个清晰的认识。

2．知识结构

本书根据岗位工作流程特点，将知识体系分解为 8 个学习项目，每个项目包含如下组成结构。

（1）职业情景导入（工作场景介绍与知识引入）。

（2）知识学习目标（基础理论知识的学习目标）。

（3）技能训练目标（实践操作技能的训练目标）。

（4）项目知识讲解（将项目内容分解介绍，便于详细学习本项目的相关知识）。

（5）项目实训（根据项目的重点内容，有针对性地开展技能实训）。

项目实训的内容包括实训目的、实训准备、实训过程等几个部分。

（6）思考与实践（侧重动手实操和职业实践训练，将所学知识应用于日常生活）。

3．职业素养

本书列举了企业 IT 部门在计算机管理方面的相关内容，侧重讲解计算机的组装与测试、操作系统和应用软件的安装、计算机的日常维护和故障处理、计算机产品的需求分析与选购配置等，并将这些内容串成一个基本的工作过程，然后设计与之对应的知识讲授流程，让知识融入岗位实践中，增强学生的职业获得感，从而帮助学生养成良好的职业素养。

4．编写风格

本书站在实践应用的角度，用通俗易懂的语言来描述相关概念和过程，并采用叙述手法来组织编写，便于学生对知识的理解与掌握。此外，本书选取当今主流的计算机硬件和软件产品，并根据不同用户的需求对计算机产品进行分析和提出使用建议，使用户在选购时能够胸中有数，避免盲目选择。

5．教学安排

本书建议的教学课时为 64 课时，教师可根据实际情况和教学需要灵活调整课时。本书同样也适合学生进行课后自学、兴趣拓展和独立实践，以提高学生的自主学习能力。

本书建议的课时分配如下表所示。

章节名称	授课课时	实操课时	能力考查
项目 1　初识计算机	4	按需分配	参考课后实训练习
项目 2　安装主机核心部件	20	按需分配	参考课后实训练习
项目 3　安装计算机外部设备	8	按需分配	参考课后实训练习
项目 4　安装操作系统与应用软件	6	4	参考课后实训练习
项目 5　备份与恢复计算机系统	6	4	参考课后实训练习
项目 6　修复计算机系统故障	6	4	参考课后实训练习
项目 7　配置与选购计算机产品	6	4	参考课后实训练习
项目 8　计算机技术应用综合实训	8	4	参考课后实训练习

本书由李丰、欧倍铭担任主编，刘佳、赖振辉任副主编，黄彬、王丽双参与编写，并邀请中国移动广西岑溪分公司伍波参与课程设计、教材审核和案例测试验证。由于编写时间仓促，加之计算机硬件技术发展迅速，书中难免存在错漏和不足之处，恳请广大读者不吝赐教，提出批评意见和修改建议。欢迎加入本书的读者服务和交流 QQ 群：746941286。

在编写本书的过程中参考了太平洋电脑网、中关村在线、泡泡网、电脑百事网、天极网、IT168 资讯网、京东网、驱动之家等网站的部分开放资源，在此一并表示感谢。

目　　录

项目 1

初识计算机

职业情景导入

阿秀是一名刚入职的新人，在某公司 IT 部门担任助理技术员，并由工程师老王指导开展工作。上班伊始，老王带领阿秀为新员工安装、配置办公用计算机。

老王：阿秀，IT 部门要确保公司所有计算机设备的正常运转，这就需要每一个技术员都具备扎实的计算机应用技术，以及较强的动手实践能力。

阿秀：明白。不过我对计算机相关硬件还不是很熟悉，王工你先给我介绍一下它们的基本特点吧！

老王：那好，我们就在工作中开始学习！

知识学习目标

- 了解现代计算机的主要特点
- 了解计算机技术的发展趋势
- 熟悉主要的计算机类型
- 熟悉计算机的软件与硬件组成

技能训练目标

- 能够识别常用的计算机部件
- 学会上网查找热门的计算机产品

计算机（Computer）俗称电脑，是一种可用于高速计算的电子设备。计算机不仅拥有高效的数值与逻辑运算性能，还具备优异的海量数据存储和深度记忆功能，同时其智能化程度也越来越高。在信息高度发达的现代社会，计算机已成为人们学习、工作、娱乐和科研等各方面都不可缺少的得力助手。

1.1 了解常见的计算机类型

1946 年，世界第一台电子数字式计算机 ENIAC（埃尼阿克）在美国宾夕法尼亚大学正式投入运行，标志着计算机科技时代的来临，并开启了人类第三次产业革命的序幕。此后短短几十年间，计算机的发展突飞猛进，相继经历了晶体管、中小规模、大规模、超大规模以及智能型超大规模集成电路制造阶段，计算机的性能得到极大增强，而体积和耗电量则大大减小，并衍生出了种类各异的产品。

常见的计算机包括巨型计算机、大型计算机、小型计算机、微型计算机等几种类型。

1. 巨型计算机

巨型计算机（Supercomputer，巨型机）又称超级计算机，是一套庞大、复杂的计算机系统，通常拥有数千个乃至数万个数据计算核心与图形处理核心，以及超大容量的数据存储设备。超级计算机的性能极为先进，能够进行大规模复杂课题的研究，满足海量数据的实时处理要求，并能够深入分析、模拟、解释各种自然现象与科学原理，例如，气象运动计算、核物理运算、尖端武器研究、太空技术开发等。

图 1-1 “天河二号”超级计算机

超级计算机是一个国家科研与制造实力的突出体现，对国家的战略发展与安全防护具有举足轻重的意义。目前全球性能最为先进的超级计算机包括我国的“神威 · 太湖之光”与“天河二号”，以及美国的 Frontier、日本的富岳（Fugaku）等。如图 1-1 所示为“天河二号”超级计算机，如图 1-2 所示为“神威 · 太湖之光”超级计算机。

图 1-2 “神威・太湖之光”超级计算机

2. 大型计算机

大型计算机（Mainframe）简称大型机，是一种特殊的计算机设备，拥有运算速度快、存储容量大、可靠性高、安全性强、联网通信功能完善等优势，多用于银行、电信、证券、电力、交通运输、互联网等大批量后台数据处理服务。IBM 公司的 Z 系列是目前具有代表性的大型机产品。如图 1-3 所示为 IBM 大型机系统。

图 1-3 IBM 大型机系统

3. 小型计算机

小型计算机（Midrange Computer）也称小型机，是指功能介于大型机和普通计算机之间的一类设备。小型机的体积相对较小，其运算性能、稳定性、可靠性与并发访问处理能力较强，可满足一般企业网络环境的运算和数据处理要求。

IBM 公司旗下的 AS/400 小型机系统是当今世界最流行、最成功的商业应用服务器平台，广泛应用在商业、金融、互联网、制造、电信等行业，如图 1-4 所示。

图 1-4　IBM AS/400 小型机

4. 微型计算机

微型计算机（Micro Computer）也称微机或个人计算机，是计算机应用史上的一个重要里程碑。微型计算机以其速度快捷、功能丰富、易用性强、轻便小巧、性价比高等优点迅速进入社会生活的各个领域，加上产品款式新颖，组建安装灵活，可处理丰富的多媒体数字信息，目前已成为普遍使用的计算机类型。

按照产品形态的不同，微型计算机可大致分为台式计算机、便携式计算机、一体式计算机和家庭影院计算机等几类。

（1）台式计算机

台式计算机（简称台式机）是一种将各类部件分离开来的计算机。台式计算机的主机、显示器、键盘鼠标、音箱等组成部分是相互独立的，可以很方便地安装、拆卸、添加或更换配件，在装机时也能灵活、个性化地配置计算机的硬件性能。如图 1-5 所示为一款台式计算机。

图 1-5　台式计算机

（2）便携式计算机

相比台式计算机来说，便携式计算机的体积更加小巧，随身携带非常方便，对使用场地也没有固定的要求，因此使用非常广泛。常见的有笔记本电脑、平板电脑、个人数字助理（PDA）、二合一计算机等机型，如图 1-6～图 1-9 所示。

图 1-6　笔记本电脑

图 1-7　平板电脑

图 1-8　PDA 手持设备

图 1-9　二合一计算机

（3）一体式计算机

一体式计算机（AIO Computer）简称一体机，是一种比较前卫的计算机形态，最早源于苹果公司对 iMac 计算机的创造性设计，它将主机、显示器、键盘、鼠标等主要部件整合在一起，既保持了台式机宽大的显示界面与主流的性能配置，又吸纳了笔记本电脑的高度集成化、轻薄化和占地面积小等特点，如图 1-10 所示。

图 1-10　一体式计算机

（4）家庭影院计算机

家庭影院计算机（HTPC）是一种用于家庭多媒体娱乐体验的计算机设备，通常放置在客厅或卧室里，充当家庭数码影音播放中心，可用来进行影视、音乐或游戏娱乐。家庭影院计算机附带有各种高清视频接口，可与大屏幕液晶电视、LED 显示器、蓝光影碟机、高清投影机等数码影音设备连接，如图 1-11 所示。

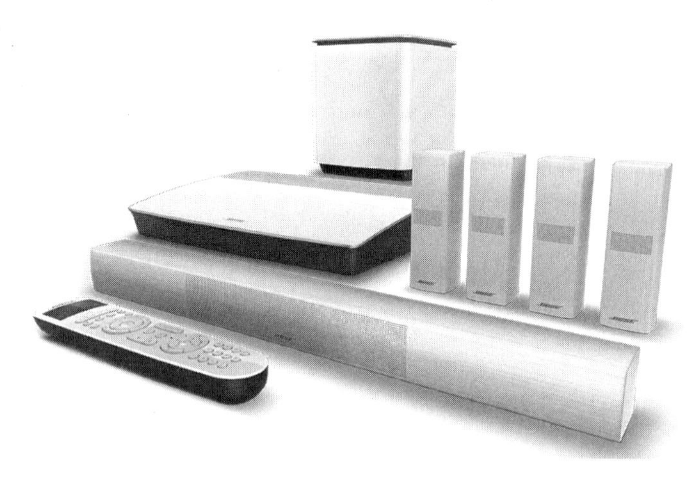

图 1-11　家庭影院计算机

1.2 熟悉计算机的组成结构

计算机产品种类众多，形式各异，不同品牌的计算机在外观和款式设计上也会不一样，但基本都是以冯·诺伊曼体系结构为设计基础，具有共同的组成配置，在系统结构上并没有什么区别。

一台完整的计算机主要由硬件系统和软件系统两大部分组成。这其中，硬件（Hardware）是计算机的核心与物理基础，软件（Software）则是计算机的灵魂。硬件和软件是相依相存、互不可分的两个方面，有了硬件，计算机就拥有“强壮”的身躯，而软件则能让计算机拥有更高层次的逻辑运算和智能处理能力，计算机也就能够变得越来越“聪明”。

1.2.1　计算机硬件系统的构成

从外观上看，计算机硬件系统主要包含主机和外部设备两大组成部分。

1. 计算机主机部件

主机一般包括 CPU、主板、内存、硬盘、光驱、显卡、声卡、网卡、机箱和电源等设备，绝大多数主机部件需安装在机箱内部。

（1）CPU、主板和内存

CPU、主板和内存提供了一个最基本的系统核心架构，对计算机的整体性能起着举足轻重的作用。

CPU 即 Central Processing Unit 的简称，也称为中央处理器、微处理器或处理器，如图 1-12 所示。CPU 主要负责数据的运算和处理，同时控制、指挥计算机的正常运行。从这个方面来说，CPU 就如同计算机的“大脑”，它从根本上决定了计算机系统的主要性能，人们也常常根据 CPU 的性能来衡量一台计算机的性能档次。

主板也称为主机板（Mainboard）或者母板（Motherboard），是一种经过多层印刷而制成的电路板，如图 1-13 所示。主板相当于计算机的“躯干”，它提供了丰富的插槽、内外部接口、通信线路和控制开关，能够把各种硬件设备连接在一起，并统一协调所有部件的高效、稳定运行。因此，主板的做工质量、承载能力和稳定性是发挥计算机最优性能的关键因素。

内存（Memory）也是计算机系统的核心部件之一，用于临时储存需要执行的程序以及运算的数据，便于 CPU 快速调用和运行。内存的存取速度和存储容量是影响计算机整机性能优劣的一个决定性因素，如图 1-14 所示。

图 1-12 CPU

图 1-13 主板

图 1-14 内存

（2）硬盘和光驱

硬盘和光驱是计算机最重要的外部存储设备，可以存放几乎所有的程序、音频、视频、文档资料和其他格式的信息。

硬盘是计算机必备的外存设备，具有存储容量大、稳定性好等特点，计算机运行所需要的操作系统、应用软件以及用户的个人数据一般都存放在硬盘中。常用的硬盘包括机械硬盘和固态硬盘两种，如图 1-15 和图 1-16 所示。

光驱是一种光存储设备，既可以刻录数据进行保存，也可以用来制作系统启动盘、影音播放盘或游戏运行盘。光驱使用光盘作为存储介质，光盘的抗干扰能力强，存储的数据不易损坏或丢失，存放和运输也比较方便。常见的光存储设备包括 CD-R、DVD-R、康宝、蓝光刻录机等几种。如图 1-17 所示为一款蓝光刻录机。

图 1-15　机械硬盘

图 1-16　固态硬盘

图 1-17　蓝光刻录机

（3）显卡、声卡和网卡

显卡、声卡和网卡是计算机主要的板卡部件，一般安装在相应的扩展插槽中。

显卡也叫图形加速卡，用于对计算机图形、图像和文字信息进行运算、处理，并输出到显示器或其他显示设备中，如图 1-18 所示。对于游戏娱乐、电影播放和图形设计来说，显卡的处理能力和显示质量起着极为关键的作用。GPU（Graphic Processing Unit，图形处理单元）是显卡的核心部件，相当于显卡的“大脑”，它决定了一款显卡的性能档次和大部分的功能。

声卡也叫音频卡，主要用来处理、转换并输出计算机中的声音信号，如图 1-19 所示。声卡是现代多媒体技术不可缺少的重要组成部分。一块好的声卡能够提供高质量的声音，大大增强计算机在多媒体领域的音频体验。

网卡也叫网络适配器，负责计算机与计算机之间，以及计算机与网络设备之间的信号解码和输入/输出传送，如图 1-20 所示。在局域网和互联网中，网卡是实现计算机网络通信的一条重要桥梁。

图 1-18　显卡

图 1-19　声卡

图 1-20　网卡

 **小贴士**

目前主板一般都集成了显卡、声卡和网卡芯片，俗称集成板卡或板载卡。集成板卡可以满足大部分的计算机使用需要。但在对图形图像、声音或网络传输质量要求较高的场合，则需要考虑配置独立的板卡。

(4) 机箱和电源

主机的各种配件一般都固定在机箱内部，由机箱负责保护这些配件的安全和稳定运行，使之免受外界的干扰，并能屏蔽配件发出的电磁辐射。如图 1-21 所示为一款游戏型机箱。

电源负责为计算机系统的各个部件提供稳定的输入电能，以保证计算机在工作时获得所需的动力。电源拥有多种不同类型的输出电压和输出接口，分别为主板、处理器、硬盘、显卡等部件输电。如图 1-22 所示为一款 PC 电源。

图 1-21 游戏型机箱

图 1-22 PC 电源

2. 计算机外部设备

主机以外的所有部件统称为计算机外部设备或外围设备。外部设备是计算机体系的重要组成，它使计算机的应用范围得到了极大的扩展。外部设备主要包括显示器、键盘、鼠标、音箱、摄像头、耳机、麦克风、数码相机等设备。除此之外，办公设备、移动存储设备和网络设备也属于计算机外部设备的范畴。

(1) 显示器

显示器是计算机最重要的输出设备，它通过位于中间的屏幕来显示文字和图形信息。常用的显示器产品主要有 CRT（纯平）显示器、LCD（液晶）显示器、LED（发光二极管）显示器和 PDP（等离子）显示器等几大类，如图 1-23～图 1-26 所示。

图 1-23 CRT 显示器

图 1-24 LCD 显示器

图 1-25　LED 显示器

图 1-26　PDP 显示器

（2）键盘和鼠标

键盘和鼠标是计算机最主要的输入设备。键盘用来向计算机输入各种文字符号、程序数据和控制命令，可直接操控计算机运行。鼠标则是一种小型定位设备，可以拖动、点击指针来选择操作目标，也可通过双击左键、单击右键或滚动滑轮来完成各种操作任务。如图 1-27 所示为一款人体工程学键盘，如图 1-28 所示为一款游戏型鼠标。

图 1-27　人体工程学键盘

图 1-28　游戏型鼠标

（3）音箱、摄像头、耳机和麦克风

音箱、摄像头、耳机和麦克风都是常见的计算机多媒体设备，可将声音、图像、视频等信息传送至计算机外部，也可以接收外界输入的多媒体信息。在当今互联网时代，这些多媒体设备大大方便了人们对于网络交流和视听娱乐的需要，如图 1-29～图 1-32 所示。

图 1-29　低音炮音箱

图 1-30　高清摄像头

图 1-31　游戏型耳机

图 1-32　会议型麦克风

（4）办公设备

常用的办公设备包括打印机、复印机、扫描仪、办公一体机、投影机等。

打印机是广泛使用的输出设备之一，可以很方便地将计算机中的信息打印到纸张或其他介质上。打印机分为激光打印机、喷墨打印机、针式打印机，以及现在非常热门的 3D 打印机和照片打印机等几类。如图 1-33 和图 1-34 所示分别为一款照片级喷墨打印机和一款 3D 打印机。

图 1-33　照片级喷墨打印机

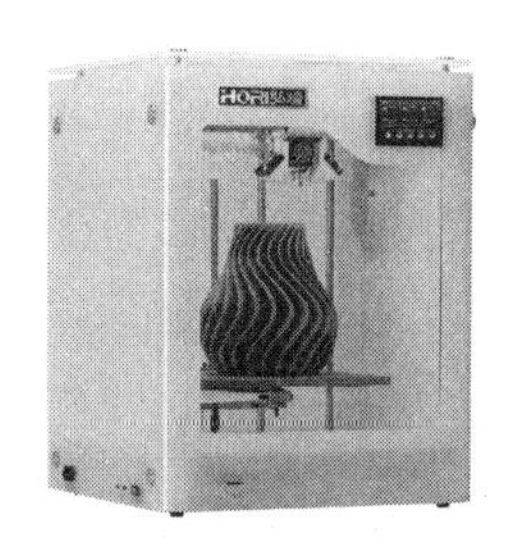

图 1-34　3D 打印机

复印机是一种利用静电技术对文稿、书籍、照片等资料进行快速复制的设备，不仅支持 1∶1 的原件复制，还可以对原稿进行放大或缩小比例复制。如图 1-35 所示为一款商用型高速复印机。

扫描仪是一种数码输入设备，通过利用光电扫描技术，将文本、照片、图纸等资料输入计算机，并转换成可编辑和存储的电子图片。扫描仪不仅能进行平面实物扫描，有些还支持 3D 立体扫描。如图 1-36 所示为一款平板扫描仪。

图 1-35　高速复印机

图 1-36　平板扫描仪

办公一体机集成了打印、复印、扫描、传真等多种办公应用功能，在一台机器上就能满足多方面的使用需求。如图 1-37 所示为一款多功能彩色激光一体机，支持打印、复印、扫描和传真四大功能。

投影机是一种大屏幕显示设备，可以将计算机、电视机、游戏机、DVD 等设备的视频信号投射到屏幕上，便于让更多的用户观看，如图 1-38 所示。

图 1-37　多功能彩色激光一体机

图 1-38　投影机

（5）可移动存储设备

可移动存储设备包括 USB 闪存盘（俗称 U 盘或优盘）和移动硬盘等。这类设备采用 USB 接口，拥有较大的存储容量和较好的稳定性，支持即插即用，携带和使用都非常方便，已成为人们普遍采用的数据存储工具。

如图 1-39 所示为一款 USB 3.1 接口、256GB 容量的 SSD 闪存型 U 盘，如图 1-40 所示为一款 2.5 英寸、容量为 3TB 的移动硬盘。

图 1-39　闪存型 U 盘

图 1-40　移动硬盘

（6）网络设备

网络设备是计算机实现联网通信的核心设备，包括路由器和交换机等。路由器能够连接不同的网络或网段，以此构成一个巨大的 Internet 互联网络，从而使位于世界各地的计算机和智能设备联为一体。路由器分为有线路由器和无线路由器两类，如图 1-41 所示为一款家用无线路由器，如图 1-42 所示为一款企业级有线路由器。

图 1-41　家用无线路由器

图 1-42　企业级有线路由器

1.2.2　计算机软件系统的构成

软件系统保障计算机能够充分发挥出自身强大的运算及处理潜力，实现各种先进和复杂的功能。根据产品设计与应用上的区别，计算机软件系统可分为系统软件和应用软件两大类。

1. 系统软件

系统软件（System Software）能对硬件资源进行统一管理、协调和控制，提高计算机运行效率，并为用户操作和软件运行提供基础支持。

操作系统（Operating System，OS）是计算机最基本的系统软件，管理着计算机中所有硬件和软件资源的安装与运行，同时为用户提供操作界面与交互接口。主流的计算机操作系统包括微软 Windows 操作系统、苹果 Mac OS 操作系统和开源操作系统等几类。

（1）微软 Windows 操作系统

微软 Windows 产品家族包括用于个人计算机的 Windows XP、Windows 7、Windows 8/8.1 和 Windows 10 系统，以及面向服务器平台的 Windows Server 2012/2016 系统等。Windows 系统采用图形化操作界面，拥有简单易用、稳定性好、兼容性强等特点，已广泛用在各类计算机设备中，不仅成为当今 PC 市场上的领导者，在企业级应用市场也占据了很大的份额。如图 1-43 所示为 Windows 10 操作系统。

（2）苹果 Mac OS 操作系统

Mac OS 是苹果公司专为其 Macintosh 计算机开发的操作系统，拥有非常简洁而又独特的用户界面，以及优秀的运行性能和人机交互功能。Macintosh 计算机采用高度闭源的设计模式，Mac OS 操作系统和多数硬件都由苹果公司进行专门设计和制造，处处体现出苹果特有的设计理念。如图 1-44 所示为苹果 Mac OS X El Capitan 操作系统界面。

图 1-43　Windows 10 操作系统

图 1-44　苹果 Mac OS X El Capitan 操作系统界面

（3）开源操作系统

开源操作系统包括 UNIX、Linux、Fedora、Solaris 以及相关的衍生发行版本。

这类操作系统的内核源代码一般是公开的，由开源社区成员共同维护、更新和修正。在遵守 GNU（开源协议）的前提下，任何人都可以对开源系统内核进行重编译、二次开发以及产品再发布，并允许用户自由使用。

开源系统的应用范围极广，包括我国的华为鸿蒙、麒麟、深度、统信和阿里云的飞天系统，以及苹果 Mac OS/iOS、谷歌 Android 在内的多种操作系统均采用 Linux 或 UNIX 内核，并在此基础上进行深度定制开发。如图 1-45 所示为一款 Linux 系统图形化桌面。

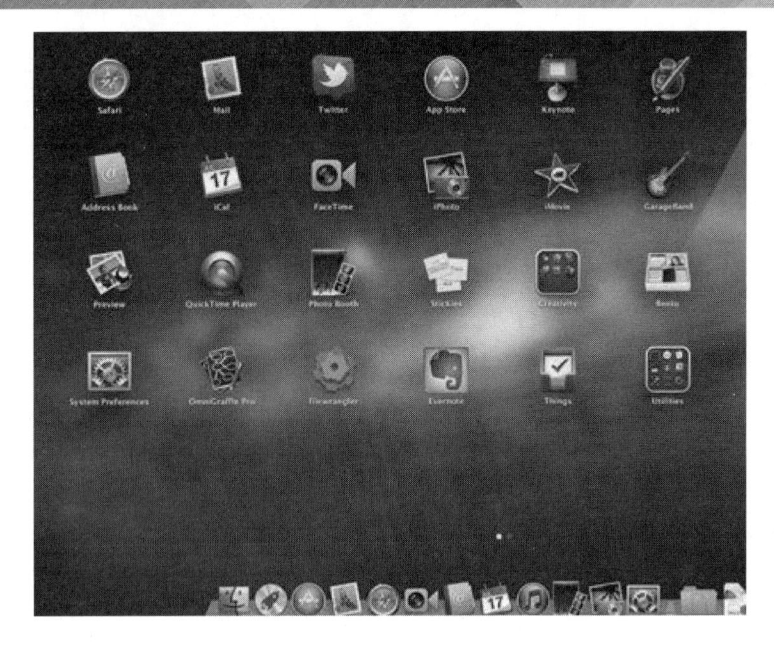

图 1-45 Linux 系统图形化桌面

2. 应用软件

应用软件（Application Software）是为实现一些具体的或特定的应用目的而开发的软件，能够满足人们多种多样的计算机操作需求，最大限度地发挥硬件资源的效能，拓宽计算机系统的应用领域。

常见的应用软件包括信息化办公软件、图像设计软件、程序开发软件、多媒体播放软件、游戏娱乐软件、系统安全软件、教育教学软件、行业专用软件等。如图 1-46 所示为 Photoshop CS6 平面设计软件，如图 1-47 所示为 3ds Max 三维建模设计软件，如图 1-48 所示为赛门铁克 Norton Internet Security 个人版杀毒软件，如图 1-49 所示为微软 Excel 2016 电子表格软件。

图 1-46 Photoshop CS6 平面设计软件

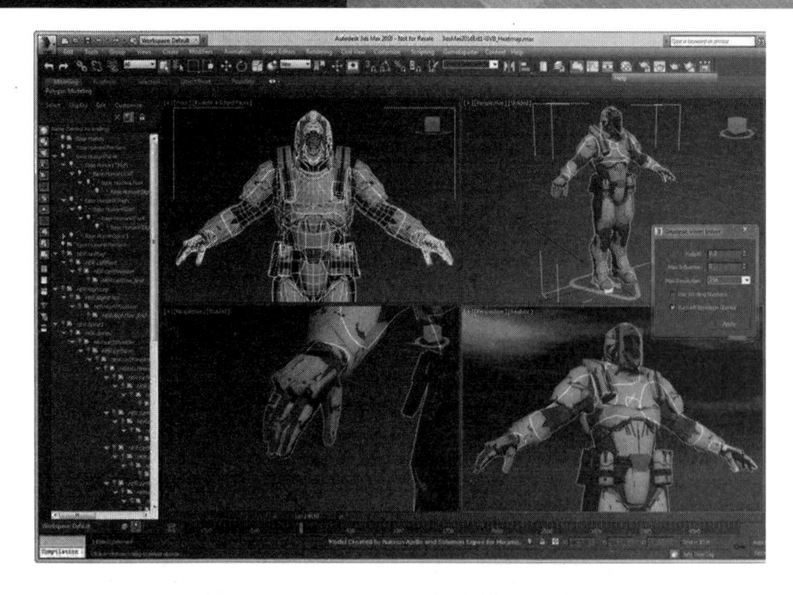

图 1-47　3ds Max 三维建模设计软件

图 1-48　Norton Internet Security 个人版杀毒软件

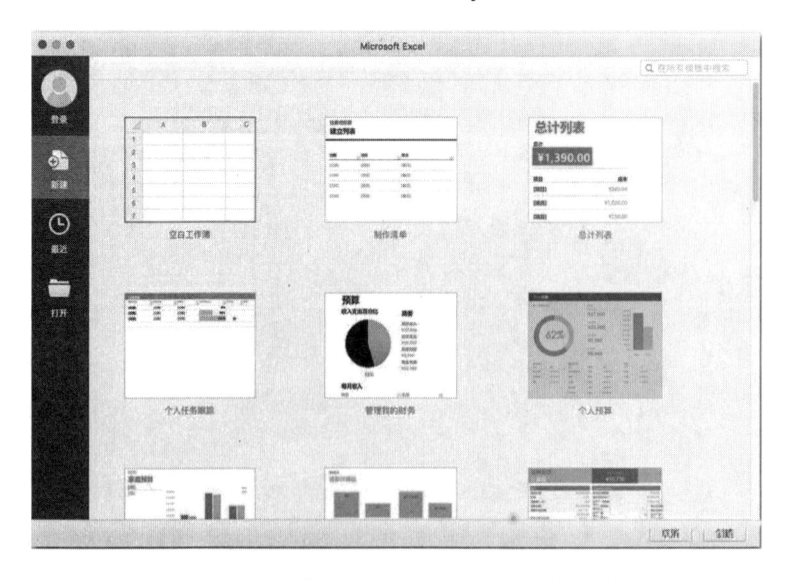

图 1-49　微软 Excel 2016 电子表格软件

项目实训 识别计算机软/硬件产品

下面对计算机常见的软/硬件产品予以识别。

【实训目的】

了解、熟悉计算机常见的软/硬件产品，并能识别不同产品的基本特点。

【实训准备】

本实训需准备一台可联网的实训计算机。

【实训过程】

STEP 1 切断计算机电源，打开主机侧盖板，辨识计算机已安装的主机部件、外部设备与连接线缆，并将相关物品记录下来。

STEP 2 装回侧盖板，接通电源，启动计算机，辨识计算机已安装何种版本的操作系统、办公软件、图像设计软件、防病毒软件等，并将相关信息记录下来。

STEP 3 上网查找几款主流的硬件（如 CPU、主板、内存、显卡等）及系统产品，然后分组讨论这些产品在性能或功能上拥有哪些优势。

1.3 计算机的发展趋势

计算机未来的发展依赖于更先进的集成电路制造体系、更高端的制造工艺水平以及效率更高的软件实现方式。可以看到，计算机正在向巨型化、微型化、智能化、网络化和综合化等方向迈进，并具备高性能、深度技术、并行处理、人性化和智能友好等特点。

（1）巨型化

巨型计算机虽然体积庞大、设计复杂，但它拥有超高的运算和处理能力、海量的信息存储能力和全面的功能应用等优势，担负着集中处理和高速传输信息的重任，将作为一个国家信息化基础设施的核心节点之一，为社会各种行业、不同需求的用户提供直接或间接的信息服务。今天，无论是科研领域、军工领域、商业领域还是个人网上业务，巨型计算机都在发挥着越来越大的作用。

（2）微型化

随着纳米级电子技术和制程工艺的不断突破，计算机产品将得以进一步缩小机身，在提升运行性能的同时，功耗也在不断降低。传统的台式计算机正在向着迷你型设备转变，而笔记本电脑和平板电脑则将朝着掌上型或口袋型设备的方向发展，真正意义上的全功能随身计算机在未来将变为现实，这能帮助人们更好地适应快节奏的信息时代生活。

（3）智能化

新一代智能化计算机将建立在深度挖掘、自我学习和实时决策等人工智能研究基础之上，科学家已赋予计算机系统模拟人脑感觉和思维的能力。通过长期的学习积累，计算机不仅能够像人一样“看”懂文字图片、“听”懂自然语言、“说”出各种音符、“做”出复杂动作、“秀”出情绪变化，还可以“想”到人类所能想到或不能想到的东西。因此有专家指出，未来的计算机将走向自我思维的“苏醒”阶段，除了躯体，计算机会越来越像人类。

（4）网络化

今天的互联网如同一张巨大而透明的网，把世界紧紧地包裹起来，实现资源的全球共享和信息的即时传递，Internet 也被整合成了一台超级计算机。而随着高速无线网和物联网的发展，更多的电子产品和电器设备将可以纳入网络中，计算机作为信息管理中心，能够对家电、车辆、电子消费品、建筑物、工农业产品等一切可联网物品进行直接控制，最终实现“万物互联”的目标。

（5）综合化

随着计算机集成程度的提高，计算机的功能也呈现综合化的特点，图形、图像、音频、视频等多媒体信息的高度集成，以及对全息影像、虚拟现实、增强现实等先进技术的支持，使得计算机的处理能力与呈现效果更接近于真实世界，人与计算机的交流互动将会变得更为友好和个性化。

【知识拓展 1：人工智能的有趣话题】

扫码阅读

1.4 与 IT 行业相关的岗位

那么，掌握一门 IT 专业技能，将来能创造哪些对口的职业机会呢？下面梳理一些目前 IT 行业中比较热门的岗位类型。

● 技术类职位

① 计算机维护员、系统/网络工程师、系统集成工程师；

② 数据库管理员、数据分析师、数据库系统设计师；

③ 软件架构师、软件设计师、App 程序员、游戏开发/测试工程师；

④ 网站设计师、网站开发员、用户界面设计师、网站美工设计员；

⑤ 信息安全工程师、信息安全评估师、信息安全培训师等。

● 管理类职位

① IT 项目管理员、软件文档管理员、IT 经理/IT 总监/CIO（首席信息官）；

② 生产系统管理员、数据业务管理员；

③ 商业应用/商业智能（BI）分析人员等。

● 文职类职位

① IT 产品/IT 解决方案销售人员；

② 行政/文秘/商务/运营/客服人员；

③ IT 市场营销、业务推广人员；

④ 资料编辑与文档处理人员等。

● 创业类机会

① 创办 IT 或 3C 产品零售店/网店；

② 创办软件/网络工程/系统集成类企业；

③ 创办电子商务/商业服务类企业等。

【知识拓展 2：计算机带来的职业机遇】

扫码阅读

思考与实践

1．计算机的应用范围很广，请列举与人们生活最为息息相关的几种计算机用途。

2．如果你想购买一台计算机用于日常学习，你会选择台式机还是笔记本电脑？请简要说明原因。

3．在教师的带领下，参观学校计算机实训机房，了解机房所用计算机的品牌、型号、主要硬件配置是什么，所安装的操作系统和应用软件属于哪种类型。

4．假设你要组建一套主流的游戏娱乐型计算机，需要配备哪些部件和设备？

5．想一想，你期望未来从事何种职业，是否需要计算机技术的帮助，你该怎样去掌握这一门技术？

项目 2

安装主机核心部件

职业情景导入

在听完老王对计算机基本特点的讲解后，阿秀想组装一台计算机，却又不知从何开始，她感到有些迷茫。

阿秀：王工，计算机的各类硬件我都有所认识了，但是这些独立的硬件该如何组装起来呢？

老王：别着急，我们先从主机部件开始学起，重点掌握各种核心部件的规格、参数和安装要点，为后续的组装打下基础。

阿秀：明白了，我会认真学习的！

知识学习目标

- 了解主机核心部件的功能与作用
- 熟悉主机核心部件的类型与组成结构
- 掌握主机核心部件的主要性能参数
- 掌握主机核心部件的保养和维护方法

技能训练目标

- 能够辨识主机部件的外接接口
- 能够将主机部件组装成一台主机
- 能够对主机部件进行简单的保养和维护

2.1 认识 CPU

CPU（Central Processing Unit）的全称是中央处理器，也称为微处理器或处理器。CPU 是一种超大规模的集成电路芯片，主要用于数据处理和逻辑运算，并协调、控制各类硬件设备的运行，是计算机系统的运算中心和控制中心。

如图 2-1 所示为一款 CPU 的正面和背面外观图，其中正面（内核保护区域）一般印刷相关的产品信息，并与散热器底片紧密贴合，而背面（用来安装的区域）则带有针脚或触点。此外，CPU 的两侧通常还附带有半圆形的防误插缺口和小三角形的防误插标记，以防止因安装方向错误而损坏 CPU。

图 2-1　CPU 的正面和背面外观图

2.1.1　CPU 的性能参数

性能参数直接决定 CPU 的运行能力与核心功能，也是整个产品档次与制造品质的直观反映。下面简述几种主要性能参数。

（1）主频

主频指的是 CPU 内部数字脉冲信号震荡的速度，单位是 GHz。主频能在很大程度上提升 CPU 的运算速度，常见的主频有 2.8GHz、3.0GHz、3.6GHz、3.9GHz、4.2GHz、4.5GHz 等。目前不少主流 CPU 开始采用 4GHz 以上的主频，而新一代的 CPU 甚至能够将主频提升至 5GHz 以上。

（2）内核

内核（Core）是 CPU 内部专门进行数值运算与信号处理的芯片。每个 CPU 都拥有一个或者多个内核，多核 CPU 是将多个内核芯片整合到一个物理处理器中，这样 CPU 就拥有多个功能一样的运算核心，能够极大地提升运算执行效率。

目前主流 CPU 以双核与四核为主，高端型 CPU 通常会配备六个或八个核心，而一些顶级桌面型 CPU 还会搭配十个处理核心。

（3）缓存

缓存（Cache）是 CPU 内部的一种小型缓冲存储器，也是最先与 CPU 进行数据交换的存储部件，传输速度极快，又称为高速缓存。

缓存是 CPU 不可或缺的核心组成部分，共分为三个级别：一级缓存（L1 Cache）、二级缓存（L2 Cache）和三级缓存（L3 Cache）。其中，二级缓存是决定 CPU 性能的关键指标之一，能大幅度提高 CPU 的运算性能，而三级缓存对于大型软件的运行可发挥出非常强劲的提速功能。

目前主流 CPU 大多包含了三个级别的缓存，在可接受的价格范围内，应尽量选择二级缓存与三级缓存容量较大的处理器。

（4）制造工艺

CPU 在生产过程中，要加工和组装各种晶体管电路、导线与元件，这个生产程序就叫制造工艺或制程。制造工艺决定了 CPU 品质与档次的高低，而这也是衡量计算机产业发展水平的一个重要标志。

业界一般使用纳米（nm）来描述 CPU 制造工艺的精度。纳米指的是 CPU 内核中每一根电路管线之间的距离，它只相当于一根头发丝直径的 6 万分之一，纳米数值越小表明制造工艺越先进。目前主流 CPU 通常采用 14 纳米或 10 纳米工艺，而新一代 CPU 产品已逐渐向 7 纳米制程过渡。

（5）TDP

TDP（热设计功耗）是指 CPU 达到最大运行负载时所释放出来的热量，单位是瓦特（W）。TDP 数值可大致反映出 CPU 的总体功耗水平，是人们选择 CPU 的重要参考指标之一。

性能越高的 CPU 其 TDP 必然也会越大，很多双核 CPU 的 TDP 值不超过 60W，而有些六核、八核 CPU 的 TDP 值则达到了 100W 以上，这就需要配备供电能力更强的主机电源和散热效果更好的机箱。

（6）接口类型

接口是 CPU 与主板连接的通道，不同品牌的 CPU，或同种品牌但型号不同的 CPU 在接口方式上也会有所差别。

目前 Intel 主流的接口类型有 LGA 1150、LGA 1151、LGA 2011、LGA 2066 等，AMD 常见的接口类型有 Socket FM1/FM2/FM2+、Socket AM3/AM3+/AM4 等，以及全新设计的 Socket TR4（SP3r2）接口等。

图 2-2 所示为 Intel Core i7 6700K 处理器接口，图 2-3 所示为 AMD A12 9800 处理器接口。

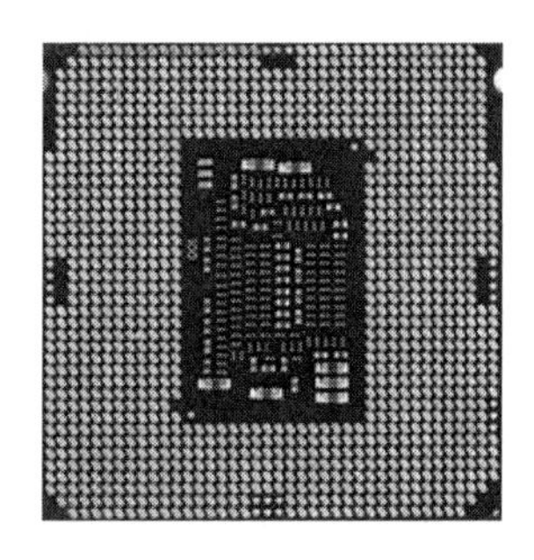

图 2-2　Intel Core i7 6700K 处理器接口

图 2-3　AMD A12 9800 处理器接口

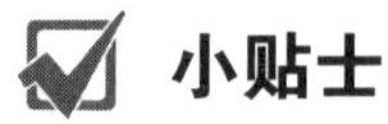

小贴士

由于 Intel 与 AMD 的接口互不兼容，因此用户在选购 CPU 时要注意区分接口，尽量选择主流的接口类型，并确保 CPU 与主板平台的接口类型相匹配。

2.1.2　CPU 的品牌特点

Intel 和 AMD 是全球主要的计算机处理器生产商，在台式机、笔记本电脑和 x86 服务器市场上占有绝对统治地位。图 2-4 和图 2-5 分别为 Intel 和 AMD 的企业 Logo，图 2-6 和图 2-7 分别为 Intel 和 AMD 的一款 CPU 产品 Logo。

图 2-4　Intel 企业 Logo

图 2-5　AMD 企业 Logo

图 2-6　Intel 处理器产品 Logo

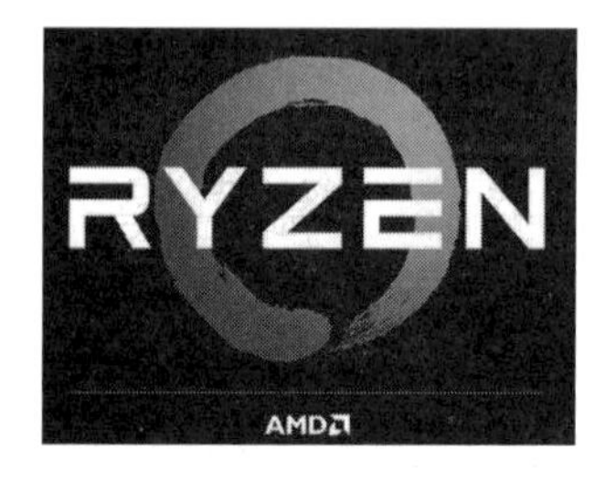

图 2-7　AMD 处理器产品 Logo

（1）Intel 品牌特点

Intel（英特尔）为世界最大的计算机半导体芯片巨头，于 1968 年成立。Intel 品牌以性能卓越、稳定性好、工艺精良著称，其产品涵盖了低端的入门级处理器、主流的智能处理器和移动型处理器，以及高性能的专用处理器等，主要包括以下几类产品型号：

- 面向入门级应用的 Celeron（赛扬）和 Pentium（奔腾）处理器；
- 面向主流计算应用的 Core（酷睿）i3、Core i5 与 Core i7 智能处理器；
- 用于高端计算环境的 Core（酷睿）i9 与 Core X 处理器；
- 面向服务器级高性能运算平台的 Xeon（至强）处理器；
- 面向物联网与移动通信应用的 Atom（凌动）嵌入式处理器等。

目前市场上热门的 Intel 处理器产品有 Pentium Gold（奔腾金牌）G6500、Pentium Silver（奔腾银牌）N5000、Core i3 8300/9300、Core i5 8600K/9600、Core i7 8700K/9700K、Core i9 7900X/10940X/10980XE、Xeon E3-1285 V6、Xeon E5-2667 V4、Xeon W-3235、Xeon 铂金 8276（28 核/56 线程）、Xeon 金牌 6252（24 核/48 线程）等。

Intel 处理器产品编号通常遵循一定的命名规律。例如，Core i3/i5/i7/i9、Xeon E3/E5/E7 等编号代表主要的产品系列，编号“9700K”中的数字“9”代表该系列的第九代架构产品，而编号“10940X”中的“10”就代表第十代架构产品；数字“700”和“940”代表该产品的运算或核芯显卡性能；字母“K”代表该款产品没有锁住倍频，允许用户进行超频加速，不带“K”的产品则由于厂商锁频而不能再人为超频，字母“X”则代表高性能产品。

（2）AMD 品牌特点

AMD 公司成立于 1969 年，是全球第二大计算机处理器提供商，也是 Intel 强有力的竞争者。AMD 处理器产品性能强大，品种众多，技术升级和产品更新速度较快，具有很高的性价比，尤其在浮点运算和图形处理方面表现非常优异。AMD 主流的处理器型号包括：

- 面向传统低端计算的 Athlon（速龙）、Phenom（羿龙）处理器；
- 面向主流级应用、采用 Zen 架构的 Ryzen（锐龙）处理器；
- 面向图形整合化运算的 APU A 系列融合处理器；
- 面向高端娱乐应用的 FX 处理器；
- 面向服务器级高性能平台的 EPYC（霄龙）、Opteron（皓龙）处理器等。

目前市场上热门的 AMD 处理器产品有 Athlon X4 970、Athlon 240GE、APU A8 9600、APU A10 9700、APU A12 9800、Ryzen 3 2300X/2200G/3200G、Ryzen 5 2600X/2400G/3600X、Ryzen 7 2700X/3800X、Ryzen 9 3900X/3950X、Ryzen Threadripper 2990WX 等。

AMD 处理器的规格编号与 Intel 有些相似，但也具有自身的专属特点。例如，“Athlon X4”中的“X4”代表 4 核心产品；“APU A10”代表第十代图形加速处理器产品；“Ryzen 3 3200G”代表第三代内置了 Vega 核芯显卡的锐龙 3 处理器；“Ryzen 5 3600X”代表锐龙 5 系列第三代主力产品（X 为高端型号，需搭配独立显卡），支持 6 核心/12 线程和 4GHz 主频；而“Ryzen Threadripper”则是 AMD 顶级的线程撕裂器型号（可达 32 核心/64 线程）。

2.1.3 认识 CPU 散热器

散热器是 CPU 的忠实伴侣，负责把 CPU 产生的热量迅速吸走并排送出去，为 CPU 的稳定运行保驾护航。

1. CPU 散热器的种类

常见的 CPU 散热器包括风冷散热器、水冷散热器、热管散热器等几种。

风冷散热器由一个散热片和一个散热风扇组成，通过散热片导热和风扇抽动空气来排散热量，具有安装维护方便、散热效果好、价格比较实惠等优点，是目前普遍使用的 CPU 散热器类型，如图 2-8 所示。

水冷散热器结构相对复杂，主要通过对传送管内的液体进行加压，使之产生循环流动，以达到排热降温的目的，如图 2-9 所示。水冷散热器的静音效果较好，降温稳定，耐用性强，但价格较贵，多用于高档型或专业性计算机设备。

热管散热器采用特殊设计的热管构件，通过在真空管内形成冷热空气的对流，从而实现快速散热，其散热性能是其他散热器的 10 倍以上。目前热管散热器大多采用热管+风冷结合的小体积规格设计，很好地兼顾了两种散热技术各自的优点，同时价格也比较亲民，如图 2-10 所示。

图 2-8　风冷散热器

图 2-9　水冷散热器

图 2-10　热管散热器

2. CPU 散热器的性能参数

CPU 散热器的主要性能参数包括风扇转速、扇叶尺寸、散热片材质等。

（1）风扇转速

风扇转速是指扇叶每分钟转动的次数，单位是 rpm（转/分钟）。风扇转速越高，散热效果就越好，但过高的转速也会导致噪声增大，缩短风扇寿命，正常情况下转速保持在 3000rpm 以下为宜。

（2）扇叶尺寸

扇叶尺寸直接决定风扇的排风量和有效散热面积。常见的扇叶尺寸有 10cm、12cm、14cm 等，在不影响其他部件工作的前提下，可选用尺寸较大的散热器。

（3）散热片材质

散热片采用的材质对其导热性能有着重要影响。目前大多数散热器使用轻盈坚固、价格低廉的铝合金片作为散热片，而高档散热器则会采用散热效果更好的铜质或铜合金材料。

2.1.4　CPU 的日常保养和维护

CPU 是计算机最关键的部件之一，若发生故障将会对计算机产生严重影响，因此要注意对 CPU 以及散热风扇的保养和维护。

（1）定期检查 CPU 的温度状况

CPU 对温度变化极为敏感，如果核心温度上升过快将可能影响其内部线路的稳定。用户可定期进入 BIOS 或通过工具软件查看 CPU 当前的工作温度，若发现温度持续过高，就要检查 CPU 硅胶和风扇是否存在问题，必要时更换硅胶或 CPU 风扇。

在图 2-11 中，“鲁大师”软件检测到 CPU 温度过高，提醒用户及时排查问题。

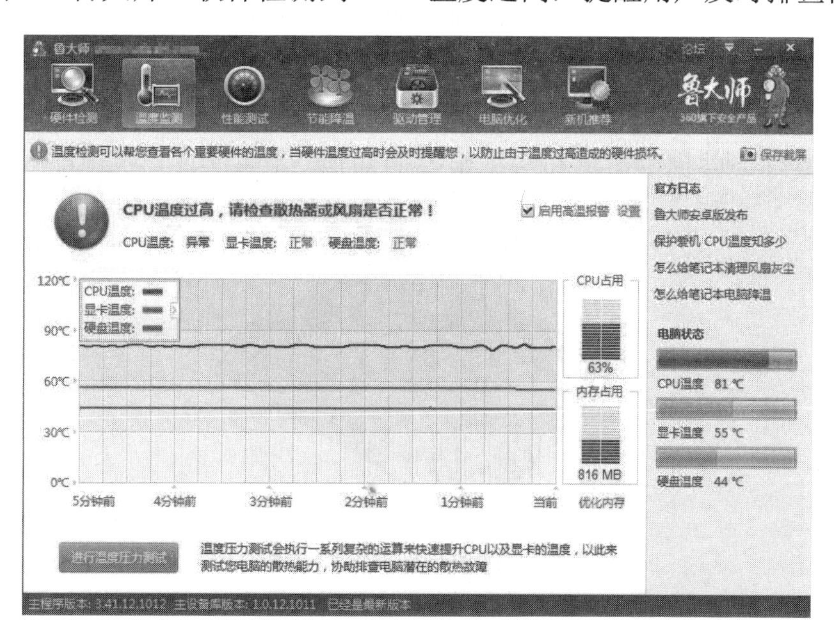

图 2-11　CPU 温度检测异常

（2）清理CPU风扇的灰尘

CPU风扇在转动时容易吸附灰尘，时间长了不仅会阻碍风扇的转动和通风，还会产生噪声，因此建议每半年左右清洁一次散热风扇。清洁时先将散热片和风扇拆开，再用毛刷轻轻扫除扇页上的灰尘，如图2-12所示，而散热片则可以直接用清水冲洗。

图2-12　清除CPU风扇上的灰尘

（3）如非必要，尽量不要超频

主流CPU大多支持动态加速功能，可根据工作负荷自动提高运行频率。通常情况下，用户无须手动对CPU超频，如确有需要超频，则应注意该款CPU的超频支持范围以及所允许的超频方式。

2.2 认识主板

主板也称为主机板（Mainboard）或母板（Motherboard），是一种安装有大量电子元件、插槽和外部接口的核心部件，它将计算机所有的部件直接或间接地连接起来。主板负责唤醒、启动各种计算机硬件，并提供电流和数据传输的通道。如图2-13所示为一款常见的主板。

图2-13　常见的主板

2.2.1　主板的组成结构

根据各种元件具体的功能类型，可将主板的平面区域划分为三大部分：芯片区、插槽区、接口区。

1. 芯片区

芯片区主要包含各类芯片及芯片组。芯片组是主板的灵魂，它决定了一块主板核心性能的高低与功能表现，并影响整个计算机系统性能的发挥。主板通常包含以下几种芯片类型。

（1）BIOS 芯片

BIOS 即 Basic Input/Output System（基本输入/输出系统）的简称，是一块呈正方形或长方形的只读存储器，主要存储计算机最底层的硬件配置信息和指令程序，负责对各种硬件设备进行检测和初始化，比如主板开机自检、硬件设备的中断指令等。如图 2-14 所示为一款 BIOS 芯片。

图 2-14　BIOS 芯片

（2）南北桥芯片

南北桥芯片分别指的是南桥芯片与北桥芯片，两者统称为芯片组。芯片组就如同桥梁，把计算机的各种硬件设备连接在一起，其型号决定了一款主板的核心性能档次。

- 北桥芯片

北桥芯片位于 CPU 插座与 PCI-E 插槽之间，主要负责控制计算机核心部件的数据传输，并协调 CPU 与外界设备之间的数据通信。由于北桥芯片在计算机平台中发挥着主导作用，因此主板芯片组的名称一般直接采用北桥芯片的命名方式。如图 2-15 所示为一款北桥芯片。

图 2-15　北桥芯片

小贴士

北桥芯片的数据处理量非常大，产生的热量也比较高，所以北桥芯片上面必须安装散热片，以加强其散热能力。有些高端主板还会在北桥芯片上安装散热风扇，这样能更有效地提高散热效果。

- 南桥芯片

南桥芯片一般位于主板下方偏角位置，离 PCI 插槽或硬盘接口比较近。南桥芯片负责管理计算机外部设备的数据通信，并确保所有数据都能在这些设备之间得到快速传输。图 2-16 所示为一款南桥芯片。

图 2-16　南桥芯片

（3）集成芯片

主板通常会附带有多种具有特定功能的部件，这些部件无须整个安装在主板上，而只需将其关键的芯片元件嵌入主板中，这类芯片统称为集成芯片或板载芯片。常见的集成芯片有集成显卡芯片、集成声卡芯片、集成网卡等几种类型。

图 2-17 所示为一款集成显卡芯片，图 2-18 所示为一款集成声卡芯片。

图 2-17　集成显卡芯片

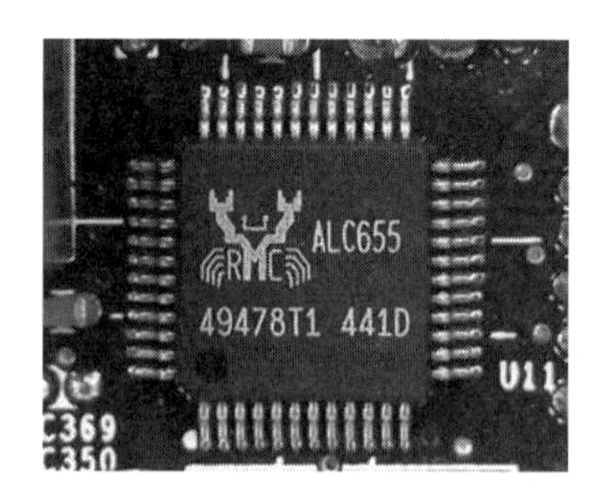

图 2-18　集成声卡芯片

小贴士

集成芯片提供了具有性价比优势的基本硬件功能，比如很多集成声卡芯片拥有 8 声道高仿真音效输出性能，而集成网卡芯片则能让计算机具备千兆级高速网络传输功能，普通用户无须再额外购买相关配件，从而节约预算资金。

2. 插槽区

插槽是用来安插和固定配件的凹槽型接口。CPU、内存、电源、显卡等重要部件都要装在专用的插槽中才能正常使用。下面介绍几种常用的主板插槽类型。

（1）CPU 插槽

用于安装、固定 CPU 的位置称为 CPU 插槽或 CPU 插座。主板采用的 CPU 插槽有很多种类，其形状、插孔的数量和分布都有所区别，不同类型的 CPU 一般不能互插接口。目前主流的 CPU 接口有针脚式和触点式两种，主板的 CPU 插槽也会有与之对应的两种类型。

图 2-19 所示为 Intel LGA 1151 处理器插槽，图 2-20 所示为 AMD Socket AM3 处理器插槽。

图 2-19　Intel LGA 1151 处理器插槽

图 2-20　AMD Socket AM3 处理器插槽

（2）内存插槽

内存插槽位于 CPU 插槽下方，是主板中最长的插槽。在内存插槽的中间有一个凸状卡口，插槽的两边各有一个塑料固定扳手。种类不同的内存条，其对应的内存插槽凸状卡口的位置也稍有差异，这是内存插槽最明显的标志，用来区分内存种类，同时也可避免因插反方向而导致内存烧毁的风险。

大多数主板带有 2～4 根内存插槽，有些主板则会提供 6～8 根，以满足大容量内存的安装需要。图 2-21 所示为一款主板上的内存插槽。

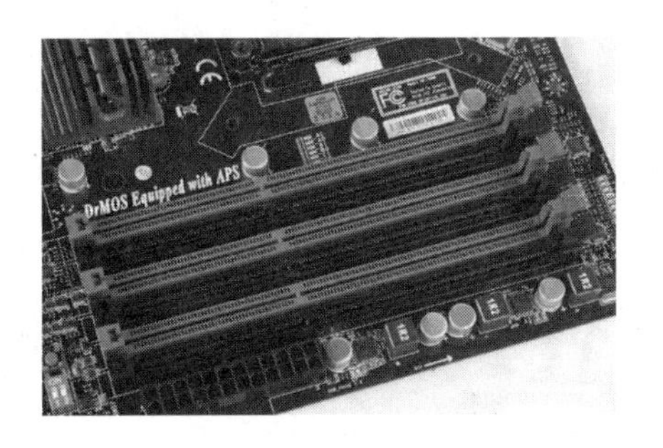

图 2-21　内存插槽

（3）显卡插槽

显卡插槽多位于主板的中间及偏下地带，决定了显卡的最大数据传输带宽，对计算机图形处理性能和图形显示效果都有很大的影响。

AGP 和 PCI Express 是主板常用的显卡插槽规格。传统的 AGP 插槽由于难以满足 3D 显示技术的传输需要，已逐渐被市场淘汰。PCI Express（简称 PCI-E 或 PCIe）具备更高的传输速率和传输质量，非常适合用来传输超高清图形数据。PCI Express 插槽又分为 PCI-E x1 和 PCI-E x16 两种主流规格，其中 PCI-E x1 主要用于连接低速的显卡、声卡、网卡等扩展卡，而 PCI-E x16 拥有较高的带宽，可连接高性能的独立显卡。图 2-22 所示为一款主板上的 PCI-E 插槽。

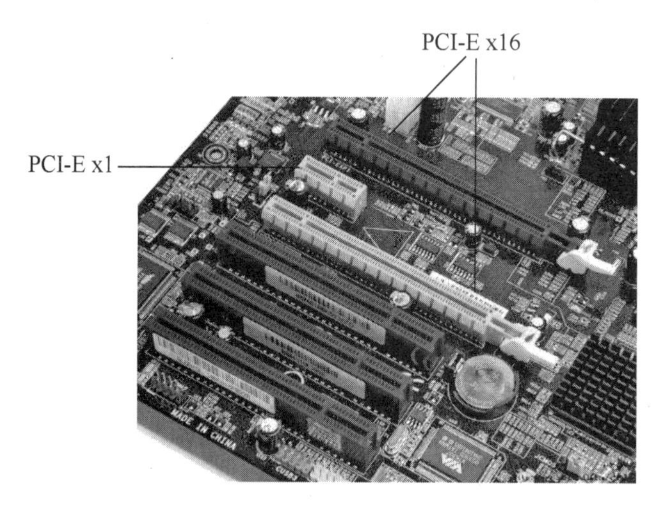

图 2-22　PCI-E 插槽

（4）PCI 插槽

PCI 插槽是主板的功能扩展插槽，位于主板的最下方，如图 2-23 所示。PCI 插槽可插接声卡、网卡、电视卡、游戏控制卡等各种扩展卡，大大丰富了主板的外接功能。但由于带宽较低，PCI 插槽无法支持高性能显示设备，目前不少主板已取消了 PCI 插槽。

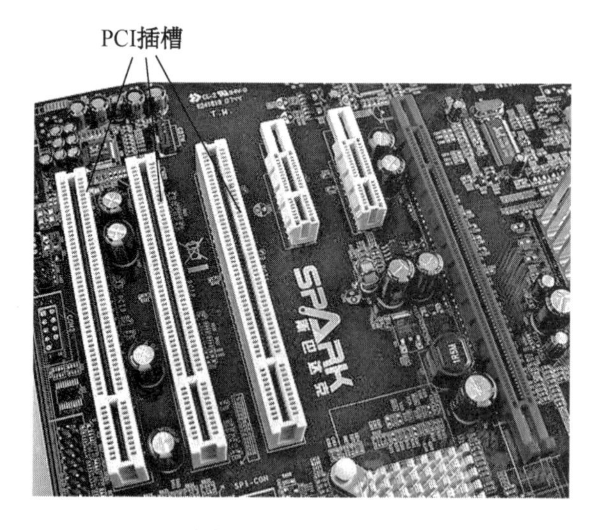

图 2-23　PCI 插槽

（5）SATA 插槽

SATA 是计算机标准的数据传输接口类型，具有接口尺寸小、传输速度快、传输可靠性高、数据线安装方便、支持热插拔等优点，最大传输速率可达 6Gbps。目前几乎所有的主板都已实现了对 SATA 3.0 标准的全面支持，如图 2-24 所示。

图 2-24　主板 SATA 3.0 插槽

（6）电源插槽

电源负责为主机部件提供电能，电源插槽如图 2-25 所示。大多数主板采用的是 ATX 标准电源，包含 24 芯电源插槽（20PIN+4PIN 模式），并具有防呆防插错结构。也有一些主板采用 28 芯或 32 芯电源插槽，这样主板就能支持更大功率的电源，安装性能更高的部件。

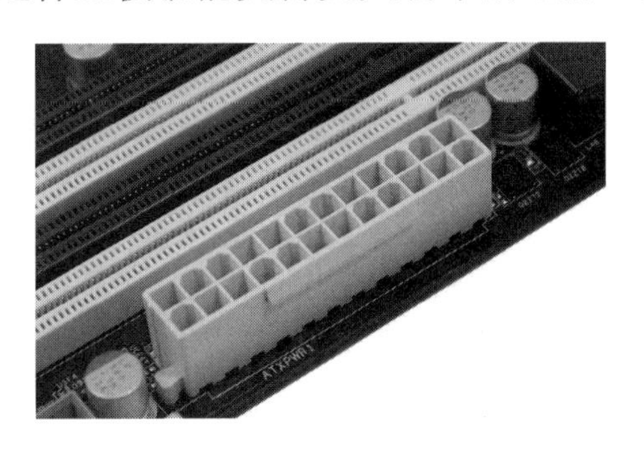

图 2-25　电源插槽

3. 接口区

外部接口也叫 I/O 背板接口，位于主板的侧面，主要用于连接键盘、鼠标、音箱、显示器、打印机等外部设备。常见的外设接口有 PS/2 接口、USB 接口、eSATA 接口，以及板载显示接口、板载网络接口和板载音频接口等。如图 2-26 所示为主机背板接口区。

图 2-26　主机背板接口区

（1）PS/2 接口

PS/2 为鼠标和键盘的专用接口，通常绿色接口用来连接 PS/2 鼠标，而紫色接口则用来连接 PS/2 键盘，以防止两者混插，如图 2-27 所示。有些主板只提供一个鼠标、键盘通用的 PS/2 接口，如图 2-28 所示。

图 2-27　板载 PS/2 接口

图 2-28　键盘、鼠标通用的 PS/2 接口

（2）USB 接口

USB 是广泛使用的通用接口类型，支持设备热插拔，最多可同时连接 127 个外部设备，非常适合数码电子产品、可移动式存储设备、智能电视和数码办公设备等电子设备的连接。目前主板已普遍支持 USB 3.0 接口，并逐步向 USB 3.1 版本过渡。如图 2-29 所示为一款主板上的 6 个 USB 3.0 接口与 2 个 USB 3.1 接口。

图 2-29　板载 USB 3.0 与 USB 3.1 接口

小贴士

USB 接口可分为 Tybe-A、Tybe-B 和 Mini USB 三种功能类型，其中 Tybe-A 接口一般用于计算机主机，Tybe-B 接口多用于外部 USB 设备，而 Mini USB 接口在手机、数码相机、MP3/MP4、随身听等数码电子设备中用得较多。

（3）eSATA 接口

eSATA（扩展型 SATA）属于 SATA 接口的外置扩展规范，用来连接外部 SATA 设备，其传输速度可以达到 3Gbps，如图 2-30 所示。

图 2-30　板载 eSATA 接口

（4）板载显示接口

板载显示接口主要用来传输图形图像数据和显像信号，包括传统的 VGA 接口及 DVI、HDMI、Display Port 等高清数字接口等。

● VGA 接口

VGA 属于视频专用外部接口，多采用蓝色或黑色的菱形外观，用来连接普通显示器或电视机的 VGA 视频数据线，如图 2-31 所示。

图 2-31　板载 VGA 接口

● 高清视频接口

DVI、HDMI 和 Display Port 都属于标准的高清数字接口，可传送高质量的视频数据，适合显示和播放高分辨率图片、高清视频和 3D 类游戏。如图 2-32 所示为板载 DVI 接口，如图 2-33 所示为板载 HDMI 与 Display Port 接口。

图 2-32　板载 DVI 接口

图 2-33　板载 HDMI 与 Display Port 接口

（5）板载网络接口

网络（LAN）接口需连接网线的 RJ45 型水晶头，如图 2-34 所示。目前主板大多配备了千兆级网卡芯片，与千兆交换机或路由器连接可组建高速局域网络。

图 2-34　板载网络接口

（6）板载音频接口

板载音频接口通常为 3～6 个，可提供多达 8 声道音效，并以不同颜色或图标来注明各自的功能，包括音频输出端口、麦克风传声端口和音频输入端口这三个基本端口，以及中置或重低音音箱端口、后置环绕音箱端口、侧边环绕音箱端口等扩展端口，以增强音频输出效果。如图2-35所示为一款板载音频接口。

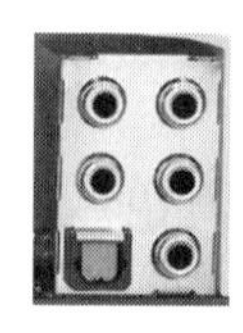

图2-35　板载音频接口

2.2.2　常见的主板类型

市场上的主板种类有很多，大致可分为ATX、Micro ATX和Mini-ITX等几种板型。

（1）ATX结构主板

ATX主板俗称“大板”，是目前最主要的主板设计标准，如图2-36所示。ATX主板拥有相对开阔的板面空间，配备有丰富的插槽和接口，整体性能与扩展能力较为优异，耐压性和抗干扰性也都比较强，深受众多注重主板品质与性能的用户所喜爱。

图2-36　ATX结构主板

（2）Micro ATX结构主板

Micro ATX（简称MATX）俗称“小板”，通过在ATX板型上减少部分插槽的数量，从而缩小主板面积，如图2-37所示。Micro ATX主板具有尺寸较小、集成度好、性价比高等优势，广泛用于各种品牌计算机和大众型DIY装机中。

（3）Mini-ITX结构主板

Mini-ITX（简称ITX）即迷你型ITX主板，其板面更为紧凑小巧，功耗量也较低，已被大量用于机顶盒、车载设备、网络设备以及各种时尚前卫的迷你型计算机中，如图2-38所示。

图 2-37 Micro ATX 结构主板

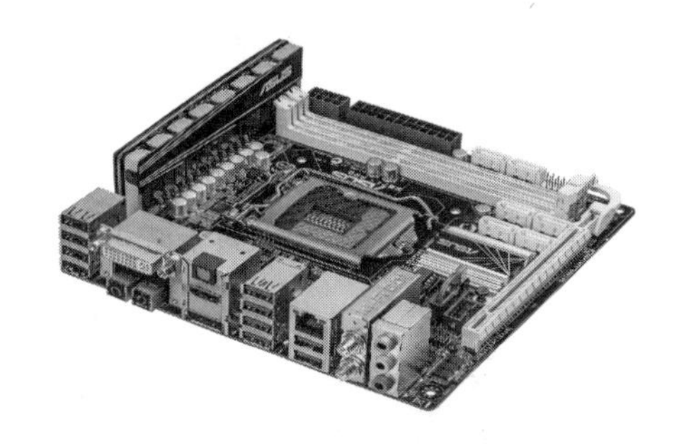

图 2-38 Mini-ITX 结构主板

2.2.3 主板的品牌特点

由于 PC 主板的制造门槛相对较低，众多厂商参与其中，目前主板市场已形成了群雄并据的局面，其中处于一线地位的有华硕（ASUS）、技嘉（GIGABYTE）、微星（MSI）等几大厂商。这些品牌历史悠久，拥有强大的自主研发实力与制造核心技术，材料、质量、工艺和品质都比较过硬，产品推新与技术升级速度也很快，在主板市场特别是中高端用户群里拥有极高的认可度。图 2-39～图 2-41 分别为华硕、技嘉、微星三大主板厂商的 Logo 标识。

图 2-39 华硕科技 Logo

图 2-40 技嘉科技 Logo

图 2-41 微星科技 Logo

在产品特点方面，华硕作为全球第一大主板品牌，其产品以做工厚实见长，超频能力很强，但售价也相对较高。技嘉以设计华丽而闻名，板载附件配备齐全，其超耐久技术在 G1.Killer 系列主板上得到了热烈的反响。微星则推出了经过严格认证的军规概念主板，给游戏玩家带来了高效率和高稳定性的使用体验。

除此之外，映泰、升技、磐正、精英、梅捷、钻石、富士康等众多品牌也有不俗的实力，在名气上虽不及三大巨头，但品质并不逊色太多，且拥有鲜明的产品技术特色和较高的性价比，各种板载功能也比较贴合大众用户的需要，因此广受大众 DIY 消费者的青睐。

2.2.4 主板的日常保养和维护

主板是比较容易出现问题的一种主机配件，在日常使用中要注意下面一些事项。

（1）注意防尘、防潮与防静电

主板由于自身面积较大，各种线路与电子元件众多，容易吸附灰尘、水汽和静电，从而造成各种故障隐患，因此要注意清除主板的灰尘和水汽。如图 2-42 与图 2-43 所示为清除主板各处的灰尘杂质。

图 2-42 用喷嘴吹掉插槽内的灰尘

图 2-43 用毛刷清扫主板表面的灰尘

（2）固定螺钉不要拧死

在安装主板时，螺钉不要拧得太紧，且各个螺钉尽量用同样的安装力度，以保证主板能够平稳地放置。如果螺钉拧得太紧或力度不均匀，则主板容易产生变形，进而影响主板的正常工作。

2.3 认识内存

内存（RAM）是计算机最核心的部件之一，负责存储计算机将要执行的程序和指令，对计算机的运行效率和性能发挥起到非常重要的作用。

2.3.1 内存的常见类型

内存主要采用 DDR（双倍速率 SDRAM）规格。从诞生至今，DDR 内存先后经历了 DDR、DDR2、DDR3 和 DDR4 共四代技术标准。

DDR（第一代 DDR）和 DDR2（第二代 DDR）内存已被市场淘汰，现已不再生产。

DDR3（第三代 DDR）内存运行性能更高，功耗量和发热量进一步降低，单条内存容量可达 32GB，能很好地满足用户对于大容量内存的使用需求，广泛用于各类计算机与电子设备。

DDR4（第四代 DDR）继承了 DDR3 的主要优点，并在此基础上做了很多重要的改进，单条容量高达 128GB，目前已逐渐成为主流的内存类型。不少发烧友喜欢将 DDR4 内存与 Core i7/i9 处理器以及 Intel X99/X299 主板相搭配，或者与 AMD Ryzen 处理器及 X399/X470 主板搭配，组建高性能的游戏型计算机。此外，最新一代的 DDR5 内存也将走进人们的生活中。

如图 2-44 所示为一款 DDR3 内存，如图 2-45 所示为一款 DDR4 内存。

图 2-44　DDR3 内存

图 2-45　DDR4 内存

2.3.2　内存的性能参数

内存负责与 CPU 交换数据，可直接影响计算机的运行性能与稳定性，用户在选购内存时应考虑以下几个主要参数。

（1）内存容量

容量代表了内存能存储的最大数据量。容量越大，计算机运行的速度就越快。内存容量一般以 GB 为单位，目前单条内存的容量有 4GB、8GB、16GB 乃至 128GB 等多种。普通用户可选用 8GB 的内存，而对于需要运行大型软件的用户，最好采用大容量的双通道或三通道内存组合。

小贴士

计算机在实际工作中能使用多大容量的内存，还要取决于 CPU 和主板芯片组对内存的最大支持能力，超出 CPU 和主板支持范围的容量将无法被系统识别。

（2）工作频率

工作频率也叫主频，用来表示内存的数据处理速度，单位是 MHz。频率数值越大代表数据存取的速度越快。DDR3 内存的工作频率大多为 1600～2666MHz，而 DDR4 内存的工作频率则轻松突破了 3000MHz 关口，最高能达到 4200MHz 以上。

2.3.3 内存的品牌特点

市面上的内存品牌与产品型号可谓琳琅满目，其中一线大厂凭借较强的研发能力和高水准的品质工艺获得了广泛认可。下面简单介绍几个知名内存品牌的主要特点。

（1）金士顿内存

金士顿（Kingston）是全球最大的内存生产商，品牌悠久、声誉卓越、性价比高，其内存广泛用在各种计算机、工业设备和移动计算设备中。比如，金士顿的骇客神条系列在很多专业设计用户和游戏玩家心中堪称经典产品。

（2）三星内存

三星（Sumsung）内存通常采用三星自有的内存颗粒封装（三星也是全球最大的内存颗粒供应商之一），品质较高，在性能水平和节能环保方面也属一流。金条系列是三星内存家族中具有代表性的旗舰级产品。

（3）威刚内存

威刚（ADATA）内存主打红色和黑色基调，并根据不同的用户群有针对性地开发出各具特色的内存产品，其中红色威龙、游戏威龙与万紫千红系列是其代表作，以极佳的超频能力、性价比优势和较强的稳定性在主流用户中拥有很高的人气。

（4）宇瞻内存

宇瞻（Apacer）隶属宏碁电脑集团，品牌实力非常雄厚，其金牌系列与黑豹系列以追求高稳定性和高兼容性而闻名。ARES 战神系列属于宇瞻的旗舰级内存产品，凭借优异的性能和突出的超频能力备受很多游戏玩家的欢迎。

（5）海盗船内存

海盗船（Corsair）以设计、制造高性能的超频内存而闻名，其产品做工精良，规格较高，稳定性和超频能力都很优秀。海盗船的复仇者系列与铂金系列已成为业界高性能内存的代名词，在万元级别以上的计算机市场中占有较大的份额。

（6）芝奇内存

芝奇（G.SKILL）是老牌内存制造商，其产品拥有品质好、效能高、超频性能强等特点。

芝奇主打中高端应用和发烧级游戏娱乐市场，曾率先推出超频速度突破 5000MHz 的顶级 DDR4 内存。

Ripjaws（大钢牙）、Trident（三叉戳）和 Sniper（狙击者）系列是芝奇内存的代表性产品，其中带有 10 种灯效变换控制效果的 Trident Z RGB（幻光戟）为芝奇旗舰级 RGB 玩家内存，在游戏竞技用户中颇具人气。

2.3.4 内存的日常保养和维护

内存的构造相对简单，但也会经常出现问题，故不能忽视内存的保养和维护。

（1）定期清洁内存表面的灰尘

内存表面和内存插槽处往往会积聚较多的灰尘，可用毛刷、喷嘴或小型吹风机清除干净，但要注意把握好机器的距离和角度，如图 2-46 所示。

图 2-46 使用吹风机清除灰尘

（2）擦除金手指的氧化层

内存的金手指层在长期使用后，容易产生氧化效应，这会导致内存与主板接触不良。可用干净的橡皮擦轻轻擦拭内存金手指的氧化部位，直到金手指重新变得光亮，如图 2-47 所示。

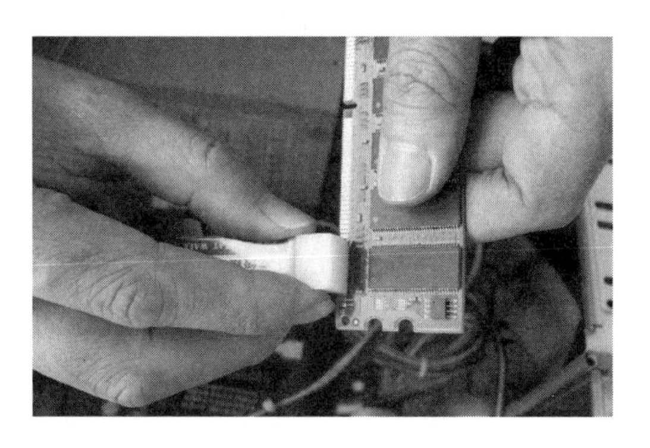

图 2-47 擦除金手指的氧化层

（3）避免内存条之间的冲突故障

在安装两条或多条内存时，务必要使用品牌和规格相同的内存产品，以避免造成冲突。

2.4 认识硬盘

硬盘是计算机最重要的存储设备，能永久性地存放各种数据和程序，具有存储容量大、稳定性和安全系数比较高等特点。

2.4.1 硬盘的常见类型

计算机常见的硬盘包括机械硬盘、固态硬盘和混合硬盘等。

机械硬盘（HDD）主要由精密机械部件和磁片介质等组成，内部环境处于接近真空的状态，具有存储容量大、稳定性好、性价比高等特点，如图 2-48 所示。

图 2-48　机械硬盘

固态硬盘（SSD）采用半导体存储模式，主要由控制芯片和存储芯片等元件组成。固态硬盘的读/写速度较快，抗干扰能力强，但价格稍贵，如图 2-49 所示。

图 2-49　固态硬盘

混合硬盘（SSHD）是介于机械硬盘和固态硬盘之间的一种存储设备，其原理是在机械硬盘的基础上加入部分闪存芯片，很好地结合了闪存与硬盘两者的技术优点，如图 2-50 所示。

图 2-50　混合硬盘

2.4.2　机械硬盘

机械硬盘主要由外壳、控制电路板、盘片、轴承电机、磁头与磁头驱动器等几部分组成，其内部组件处在一个高度真空、无尘和稳定的封闭环境中，避免遭受外界的干扰和污染。如图 2-51 和图 2-52 所示分别为机械硬盘的外观组成与内部结构。

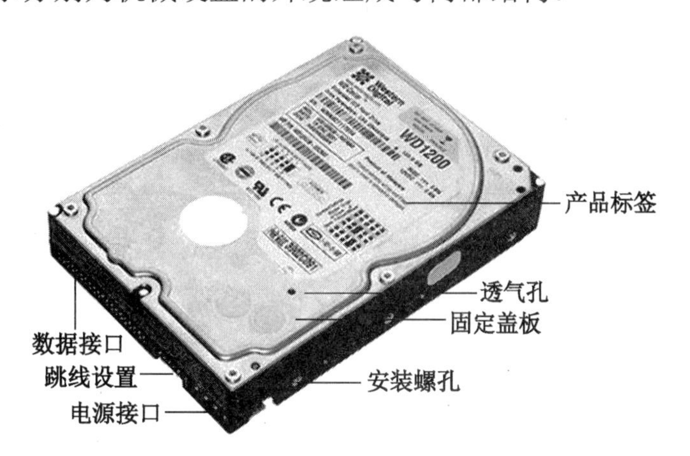

图 2-51　机械硬盘外观组成

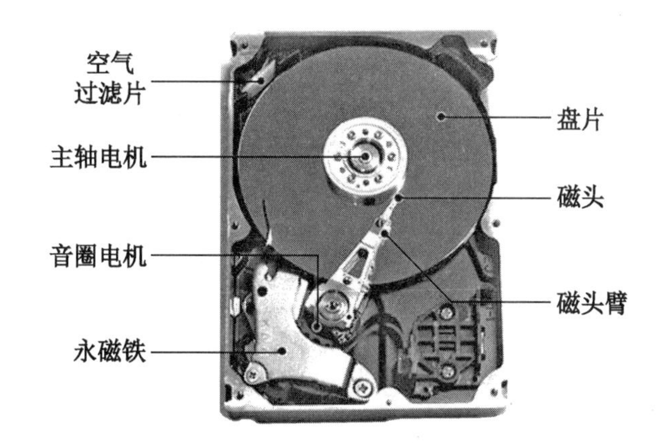

图 2-52　机械硬盘内部结构

1. 机械硬盘的常见种类

计算机通常使用 IDE 和 SATA 两种接口的机械硬盘。

IDE 曾是业界标准的硬盘接口规格，但由于传输速率低、数据线安装和拆卸比较麻烦，现已逐渐被市场淘汰。如图 2-53 与图 2-54 所示分别为 IDE 接口硬盘和 IDE 数据线。

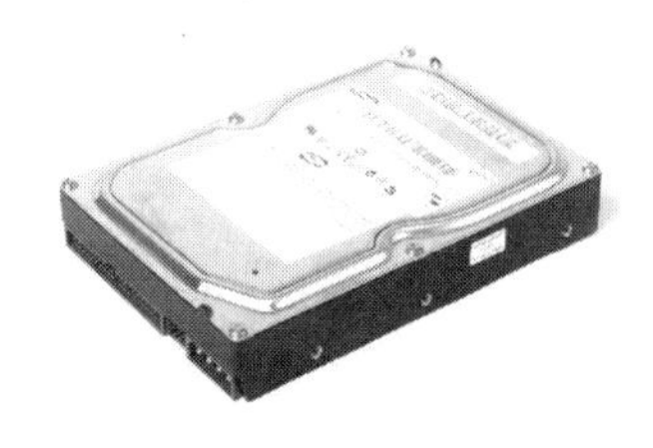

图 2-53　IDE 接口硬盘

图 2-54　IDE 数据线

SATA 具有传输速度快、稳定性好以及支持热插拔等特点，包括 SATA1、SATA2、SATA3 三代规格，其中 SATA3 拥有高达 6Gbps 的传输速度和较强的传输可靠性，是目前主流的传输标准。如图 2-55 与图 2-56 所示分别为 SATA 接口硬盘和 SATA 数据线。

图 2-55　SATA 接口硬盘

图 2-56　SATA 数据线

小贴士

高性能计算机大多采用 SCSI、SAS 和光纤通道硬盘等专用型硬盘。这类硬盘拥有传输速度快、数据吞吐量大、支持热插拔等优势，能很好地满足影视特效渲染、大型游戏制作、大规模云计算等数据存储与传输的需要。

2. 机械硬盘的性能参数

影响机械硬盘性能的因素主要包括以下几种指标。

（1）容量

容量用来描述硬盘可存储的最大数据总量，一般以 GB 或 TB 为单位。市场上机械硬盘的容量主要有 500GB、1TB、2TB、3TB、4TB、6TB 和 8TB 等，目前 10TB 和 12TB 超大容量硬盘已开始商用化，而采用新一代核心技术的 15TB 硬盘也将推向大众消费市场。

在当今互联网信息时代，1～2TB 硬盘已成为 DIY 装机的入门配置，资金有余力的用户建议选择 3TB 以上容量的硬盘。

（2）单碟容量

硬盘内部每一张盘片所能存储的数据量称为单碟容量。单碟容量在很大程度上决定了硬盘档次的高低，不仅可以提升硬盘的总容量，也能增强硬盘运行的稳定性与可靠性。

目前硬盘厂商一般都提供 500GB、1TB、1.5TB 和 2TB 等几种规格的单碟容量，用户可选择较大的单碟容量，比如要购买总容量为 1TB 的硬盘，单碟容量就选 1TB 为佳。

（3）主轴转速

主轴转速是硬盘运行效率的决定性因素之一，单位是转/分钟（rpm）。转速越快，硬盘读取数据所花的时间就越短，硬盘的运转速度就越快。常见的转速有 5400rpm、7200rpm、10000rpm 和 15000rpm 等几挡，其中 7200rpm 硬盘是大多数用户装机的首选。

（4）高速缓存

高速缓存是硬盘控制电路板中的一块内存芯片，在数据存储和传输过程中起到缓冲的作用，单位为 MB。高速缓存能大幅度提高硬盘的运行性能，这与 CPU 缓存的作用是相似的。

计算机硬盘采用的缓存有 16MB、32MB、64MB、128MB 和 256MB 等，其中 64MB 和 128MB 缓存是目前的主流配置，在价格相差不多的条件下，应选用缓存更大的硬盘。

（5）平均寻道时间

平均寻道时间是指电磁头移动到盘片中指定的磁道位置所花费的平均时间，单位是毫秒（ms）。平均寻道时间是衡量硬盘性能的一个重要参数，这个数值越小越好。目前主流硬盘的平均寻道时间范围通常为 5～9ms，有些高端硬盘还会达到 3ms 左右。

3. 机械硬盘的品牌特点

目前机械硬盘市场主要由希捷、西数和东芝等几大厂商把持。如图 2-57～图 2-59 所示分别为希捷、西数、东芝三大硬盘品牌 Logo。

图 2-57　希捷品牌 Logo

图 2-58　西数品牌 Logo

图 2-59　东芝品牌 Logo

（1）希捷硬盘特点

希捷（Seagate）是硬盘产业的佼佼者，实力非常雄厚，其产品从家用计算机到数据中心的大型服务器都有广泛应用，在中高端市场上占据着相当重要的地位。

希捷硬盘的代表性产品包括 Barracuda（酷鱼）台式机硬盘、Momentus 笔记本硬盘、Momentus XT 混合硬盘、FireCuda 高性能快速硬盘、IronWolf 网络高速存储型硬盘、Constellation 服务器级高性能硬盘等多种系列。

（2）西数硬盘特点

西部数据公司（Western Digital，WD）简称西数，是全球第二大硬盘生产商，以质量过硬、性价比高、低温节能著称，深受 DIY 用户的青睐。

西数硬盘拥有几大核心产品，主要包括鱼子酱（Caviar）系列台式机硬盘、猛禽（Raptor）系列服务器级硬盘、天蝎（Scorpio）系列便携式硬盘等系列。

西数的台式机硬盘有一个明显特征，即采用绿、蓝、黑、红、紫、金等不同颜色的标签来区分硬盘的功能用途和销售渠道。这其中：

- 绿盘代表绿色环保型硬盘产品，具有噪声低、功耗小、价格便宜等特点，但性能略低。绿盘速度大多为 5400rpm，适合用作大容量存储，主要面向中低端消费市场；
- 蓝盘代表西数的主力型号硬盘产品，性能较强，稳定性好，各方面比较均衡，速度一般为 7200rpm，面向主流计算机市场；
- 黑盘代表高端硬盘产品，面向企业级用户、游戏玩家及专业设计用户，其优势在于性能强劲，功耗和故障率都比较低，速度以 7200rpm 为主，缓存可达 128MB 甚至 256MB；
- 红盘代表网络型硬盘产品，面向网络存储类设备，注重产品的可靠性、稳定性、低功耗和长时间运行能力，以满足各种规模的网络数据存储需要；
- 紫盘代表监控级硬盘，主要面向企业或家用视频监控设备，可用于大批量、实时监控数据的存储，拥有较好的稳定性和安全性；
- 金盘代表高性能企业级硬盘，面向大规模数据中心与密集型存储设备，可满足大型分布式云计算环境以及海量数据存储要求。

小贴士

目前西数公司已将绿盘并入蓝盘产品线，并逐步取消绿盘经典的绿色标签，而统一用蓝色标签来推广。新的蓝盘系列包含 5400rpm 和 7200rpm 两种产品规格，两者的区别在于硬盘编号的末尾字母，字母“Z”代表原先的 5400rpm 绿盘，而字母“X”则代表 7200rpm 蓝盘。

（3）日立硬盘特点

日立硬盘（HGST）前身为日立环球存储科技公司，也是老牌的硬盘生产商，研发实力深厚，以生产笔记本硬盘、台式机硬盘与服务器硬盘见长，其核心产品线有：Deskstar（桌面之星）台式机硬盘系列、Ultrastar（顶尖之星）服务器级硬盘系列以及 Travelstar（旅行之星）Z 系列笔记本硬盘等。

日立硬盘具有高可靠性、低功耗、低噪声及出色的抗震能力等优势，曾创新性地开发出“氦气硬盘”技术，在 10TB 以上超大容量硬盘制造中脱颖而出。目前虽已被西数并购，但日立硬盘仍保留 HGST 品牌，并独立生产和销售硬盘产品。

（4）东芝硬盘特点

东芝（Toshiba）一直专注于 2.5 英寸及更小尺寸的笔记本硬盘和消费型电子存储产品的研发与制造，在小尺寸硬盘市场已耕耘多年，加上富士通硬盘业务的并入，东芝在移动存储市场的应用非常广泛，具有很强的行业领导实力。

东芝笔记本硬盘厚度很薄，其 7 毫米厚的高性能、轻薄型硬盘非常适合笔记本电脑和超极本使用。此外，东芝在台式机硬盘市场上也占有一定的产品份额。

2.4.3 固态硬盘

固态硬盘的构造比较简单，主要由 PCB、主控芯片、缓存芯片以及用于存储数据的闪存颗粒等几类部件组成。图 2-60 所示为一款固态硬盘的内部结构。

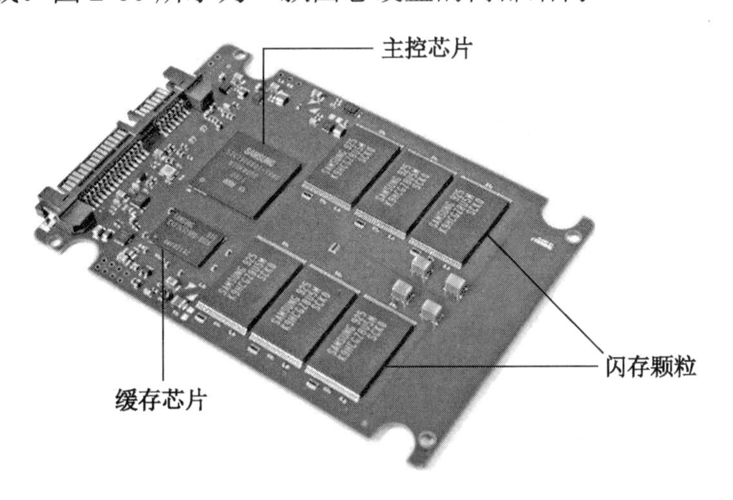

图 2-60 固态硬盘的内部结构

1. 固态硬盘的常见类型

根据尺寸设计与接口类型的不同，固态硬盘可分为 SATA、mSATA、M.2 和 PCI-E 等几种。

与机械硬盘一样，SATA 也是固态硬盘最常见的接口类型，目前 SATA 3.0 已成为固态硬盘的主流标准。

mSATA（mini-SATA）是国际 SATA 协会开发的一种新型 SATA 接口规范，提供和 SATA 一样的传输速度与可靠性，主要应用在商务本、超极本等注重小型化与便携性的笔记本电脑中。

M.2 是为超极本设计的新一代接口标准，进一步缩小了尺寸规格，可同时支持 SATA 和 PCI-E 接口，传输性能也得到显著提升，并支持新的 NVMe 标准，因此很多主流型主板都预留了 M.2 接口。

PCI-E 接口可提供更大的传输带宽和数据容量，以及更高的运行性能，能够充分发挥固态硬盘的潜能。随着价格的下降，近两年 PCI-E 固态硬盘也逐渐开始流行起来。

2. 固态硬盘的性能参数

固态硬盘的整体性能主要由主控芯片、闪存芯片、存储容量、缓存及 4K 随机读/写性能等因素决定。

（1）主控芯片

主控芯片是一种处理器，就如同固态硬盘的心脏，直接决定固态硬盘的运行性能与工作方式。市场上的一线主控芯片品牌有 Marvell、SandForce、三星和 Jmicron 等。

（2）闪存芯片

闪存芯片是固态硬盘的存储介质，决定了固态硬盘的存储能力和使用寿命。闪存芯片又分为 SLC（单层）、MLC（双层）、TLC（三层）等几种规格。闪存芯片的层数越少，意味着固态硬盘的性能越好，使用寿命就越长，但相应地价格也就越贵。

（3）容量

固态硬盘的容量有 128GB、256GB、480GB、500GB、512GB、1TB、2TB、4TB 等多种，并向着更高档次的 8TB 容量迈进。从经济性和实用性角度来看，128～256GB 的容量区间比较适合大众消费者，而主流用户可选择 500GB 以上的固态硬盘。

（4）缓存

由于设计原理和工作机制不同，固态硬盘的缓存普遍比机械硬盘的缓存更大，一般都在 128MB 以上，256MB 和 512MB 缓存已逐渐成为市场主流，有些性能较高的大容量固态硬盘还拥有 1GB 以上的缓存。

（5）4K 随机读/写性能

4K 随机读/写是衡量固态硬盘随机访问性能的关键指标之一，多用于小文件（4K 格式）和分散性数据读/写等场合，单位是 IOPS（每秒进行 I/O 读/写的操作次数），简称“次/秒”。

IOPS 的数值越大，表明固态硬盘的存储速度就越快。

3. 固态硬盘的主流品牌

与机械硬盘市场不同，固态硬盘市场上厂商众多，产品极为丰富，其中品牌占有率较高的有 Intel、希捷、浦科特、影驰、三星、金士顿、金胜维、闪迪、英睿达、威刚等，一线大厂在产品质量、运行性能、做工水平、可靠性和售后服务等方面自然是非常有竞争力的。

2.4.4 硬盘的日常保养和维护

机械硬盘与固态硬盘在保养和维护方式上存在一些区别，下面简单介绍几点。

（1）机械硬盘使用注意事项

由于结构特殊，机械硬盘很敏感，也很娇弱，搬运或使用不当极易造成各种故障甚至物理损伤，因此务必要小心呵护。

① 不要私自拆开硬盘，非专业拆解就意味着硬盘报废。

② 要轻拿轻放，硬盘在工作时（尤其当指示灯频繁闪烁时）应尽量避免磕碰和振动，否则磁头有可能会刮伤盘片，造成磁盘产生坏道。

③ 切勿随便用手触摸硬盘背面的电路板，手上的静电或水分都可能会伤害电子器件，正确的方法是握住硬盘的两侧，如图 2-61 所示。

图 2-61 手指避免接触硬盘的电路板

（2）固态硬盘使用注意事项

固态硬盘和机械硬盘构造原理不同，在日常使用上也有一些注意事项。

① 尽量少分区。

固态硬盘无须划分过多的分区，否则会造成硬盘空间的浪费，也会影响硬盘的性能。

② 切勿频繁整理磁盘碎片。

很多家用型固态硬盘采用的是 MLC NAND Flash 芯片，这类芯片的擦写寿命有限（大多在 10000 次以内），而碎片整理程序会频繁地擦写硬盘，这样会缩短固态硬盘的使用寿命。

2.5 认识显卡

显卡也叫显示适配器，是计算机的核心部件之一。显卡负责处理图形图像数据，对计算机的显示质量和画面流畅性起到关键作用。如图 2-62 所示为两款常见的显卡。

图 2-62　常见的显卡

2.5.1　显卡的组成结构

显卡主要由印制电路板、图形处理芯片、显示内存、显示输出端口等部分组成。

（1）印制电路板

印制电路板（PCB）是显卡的基板，由 4 层、6 层或 8 层树脂板压合在一起制成，为显卡提供底层物理支撑。

小贴士

印制电路板是构成各种板卡产品的基础部件，在计算机、手机、家用电器、办公设备、网络设备、工控仪器中广泛应用。

（2）图形处理芯片

图形处理芯片（Graphic Processing Unit，GPU）是显卡运行的“心脏”，负责处理与图形图像有关的数据，包括像素的颜色、深度、亮度等复杂数值运算。图形处理芯片直接决定了一款显卡的档次高低与关键性能表现。如图 2-63 所示为一款显卡 GPU 芯片。

图 2-63　显卡 GPU 芯片

（3）显示内存

显示内存简称显存，属于显卡专用的内存部件，用来存储 GPU 芯片将要处理的图形数据，这与计算机内存的作用相似。显存对显卡性能起到非常重要的影响，显存容量越大，显卡运算和处理数据的速度就越快。如图 2-64 所示为一款显卡的显存颗粒。

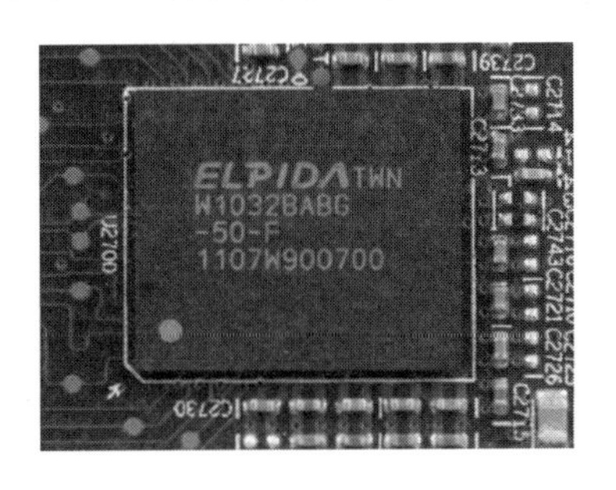

图 2-64　显卡的显存颗粒

（4）显示输出端口

显示输出端口是显卡与外部显示设备进行数据传输的接口，常用的有 VGA 端口、DVI 端口、HDMI 端口和 Display Port 端口等。如图 2-65 所示为一款主流显卡的外接端口。

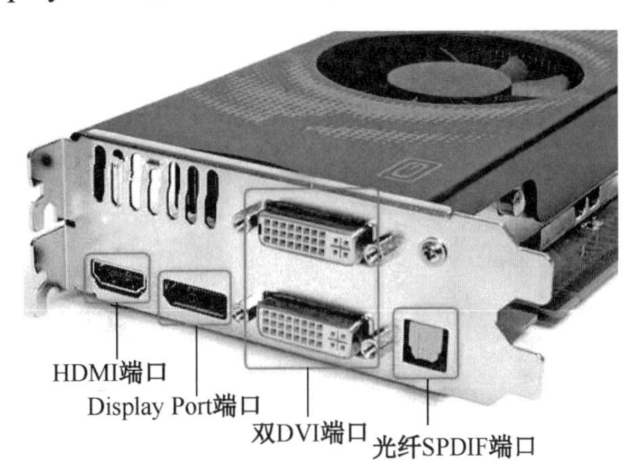

图 2-65　主流显卡的外接端口

● VGA 端口

VGA 端口即视频图形端口，用于输出显示信号，大多数显示器均采用此端口与显卡连接。由于显示带宽的限制，VGA 端口已逐渐不能适应高清显示的需要，但因其兼容性较好，目前很多中低端显卡仍然提供了对 VGA 端口的支持。

● DVI 端口

DVI（数字视频端口）可连接 LCD 显示器、高清电视机、DVD 影碟机和投影机等显示设备。DVI 端口的传输速度更快，画面更清晰，色彩也更纯净和逼真，是目前主流的显示接口之一。

● HDMI 端口

HDMI（高清晰度多媒体端口）是目前标准的数字化音视频接口技术，可传输未经压缩的高清视频和多声道音频数据，足可应付 1080P 视频和 8 声道音频信号的播放环境，可用于各种高清机顶盒、DVD 影碟机、高清显示器与高清数字电视机。

● Display Port 端口

Display Port 是一种功能更强、带宽更高、兼容性更好的新型高清数字视频接口，可连接各类高清显示设备，并向下兼容 HDMI 标准。Display Port 技术是完全开放授权、可免费使用的，大大降低了显示设备的制造成本，商业应用前景非常广阔。

2.5.2 显卡的常见类型

显卡主要分为集成显卡（集显）和独立显卡（独显）两种。

集成显卡将显示芯片、显存及其相关电路都嵌入在主板上，与主板融为一体，而显示芯片则大多集成在北桥芯片中。集成显卡的功耗低，发热量小，有些集显性能还能媲美入门级或中档的独立显卡。但集显需占用一定的系统内存，且无法进行单独更换。

独立显卡则是一块单独的板卡产品。独立显卡无须占用系统内存，比集成显卡拥有更好的运算性能和显示质量，硬件升级也比较方便，但是功耗和发热量较大，而好的独立显卡售价也不菲。

2.5.3 显卡的性能参数

决定显卡性能的因素有显示芯片、核心位宽、显存类型、显存频率、显存容量、显存位宽、显示总线接口和最大分辨率等。下面简单介绍几个主要的性能参数。

（1）图形显示芯片

NVIDIA（英伟达）和 AMD（超微）是全球主要的专业级独立 GPU 芯片制造商，为各种类型和档次的显卡提供图形处理芯片产品。

① NVIDIA 图形芯片型号与特点。

NVIDIA 的产品线涵盖了各个行业，其中具有代表性的 GPU 型号包括 GeForce 游戏型图形芯片、GeForce M 移动版图形芯片、Quadro 专业级图形芯片、Tesla 高性能图形芯片等。

NVIDIA 的图形芯片产品分为多种类型，通常以字母和数字来标识，代表不同的档次和性能水平。以 GeForce 产品为例，这个 GPU 芯片家族包含 G、GS、GT、GTS、GTX、RTX、Titan 等几类细分型号，其中 G/GS 代表低端系列产品，GT 代表中端系列产品，GTS 代表主流级系列产品，GTX 代表高端芯片系列，RTX 为全新推出的、支持光线追踪技术的高性能游戏芯片产品，而 Titan 则是介于专业绘图卡与游戏显卡之间的旗舰级图形芯片。

② AMD 图形芯片型号与特点。

AMD 在并购了图形芯片巨头 ATI 之后，以 Radeon 系列芯片为主，重点布局图形加速运算市场，包含以下几种主流型号：Radeon R5/R7 系列主流级图形芯片、Radeon R9/RX 电竞级游戏芯片、Radeon Pro Duo 高性能图形芯片、Radeon M/Vega 移动版图形芯片、FirePro 服务器级图形芯片等。

（2）显存类型

显存是显卡的关键部件之一，显存的品质越高，显卡的性能就越优异。目前显卡通常采用 GDDR5 和 GDDR6 显存。之外，AMD 还联合韩国海力士推出一种新的显存规格——HBM 显存，拥有更高的带宽、更低的功耗、更强的扩展性等优点，未来将有望替代 GDDR 显存而成为下一代显存技术标准。

（3）显存容量

显存容量决定了显卡对图形渲染数据的存储能力，大容量的显存能更好地帮助显卡发挥出性能优势。显卡的显存容量主要有 512MB、1GB、2GB、3GB 和 4GB 等，目前主流显卡大多已采用 4GB 显存，不少高端显卡还配备 6GB 以上的显存。

（4）显存位宽

位宽是显存的一个重要性能参数，单位是 bit。位宽数值越大，意味着显卡瞬间吞吐的数据量就越大，显卡的运行性能也就越高。显卡常用的显存位宽有 128bit、256bit、384bit 和 512bit 等规格，大部分主流显卡拥有 384bit 以上的显存位宽，而采用 HBM 技术的显卡甚至可以达到 4096bit 的超高位宽。

（5）最大分辨率

显示分辨率是显卡在屏幕上显示像素的最大数量，包含横向分辨率和纵向分辨率。显示分辨率越高，图形显像效果就越精密和细腻。目前主流显卡的最大分辨率已达 2560×1600 以上，不少高端显卡还具备 4K 或 5K 的超清分辨率。

2.5.4 显卡的主流品牌

市场上的显卡品牌相当多，主要采用 NVIDIA 和 AMD 两家公司的 GPU 芯片。在基于特定图形芯片的基础上，各家显卡生产商再进行显卡产品设计、封装和成品制造，因此每个显卡品牌都有自己的特色，但在产品质量和性能上却是参差不齐。

目前，知名度较高的显卡品牌有 NVIDIA、七彩虹、昂达、影驰、华硕、技嘉、微星、丽台、讯景、铭瑄、盈通、蓝宝石、索泰、迪兰等。

2.5.5 显卡的日常保养和维护

显卡平常容易发生接触性或散热方面的问题，在日常使用中要注意以下事项。

（1）保障散热效果

显卡保养的核心问题是散热，尤其是高端型的独立显卡，可尽量选择水冷、热管等高效的散热系统。在安装时，板卡周围（特别是显卡风扇一侧）要留出足够的空间，这样才能及时、快速地排走热量。

图 2-66　清理显卡表面的灰尘

（2）接口要有效固定

显示器的数据线接头要安装在显卡的对应接口上，拧好两边的螺钉，虚接容易损坏显卡的接口。

（3）定期清理污物

显卡表面的灰尘、金手指上的污渍或氧化物要注意清洁干净，如图 2-66 所示。

2.6 认识电源和机箱

计算机属于弱电设备，工作电压比较低，需进行转换才能接入市电系统，这一工作主要由电源来完成，而机箱则为主机部件提供固定支撑和安全保护。

2.6.1 电源

电源如同计算机的心脏，为整个计算机系统提供必需的电能驱动。电源是否足够强劲、稳定与可靠，将直接影响计算机系统的正常运行和使用寿命。

1. 常见的电源类型

计算机常用的电源有 ATX、Micro ATX 和 BTX 电源等几种。

（1）ATX 电源

ATX 电源是目前主流的 PC 电源标准，适用于几乎所有的计算机主板，具有极好的通用性和兼容性。如图 2-67 所示为一款 ATX 电源。

图 2-67 ATX 电源

（2）Micro ATX 电源

Micro ATX 即微型 ATX 电源，它是 AXT 电源的缩减版，体积和功率都比 ATX 有所减小，成本也更低，多用在品牌计算机、工控设备和 OEM 计算设备中。如图 2-68 所示为一款 Micro ATX 电源。

图 2-68　Micro ATX 电源

（3）BTX 电源

BTX 是一种新型的 PC 电源，其内部结构与工作原理都和 ATX 电源相似，且兼容 ATX 技术规范。BTX 电源拥有支持下一代计算机的技术指标，在散热管理、产品尺寸以及噪声控制等方面都能更好地实现平衡。如图 2-69 所示为一款 BTX 电源。

图 2-69　BTX 电源

2. 电源的性能参数

电源的性能参数直接影响电源工作时的稳定性、安全性与供电效率，主要包括以下几个方面。

（1）输出功率

功率是电源最主要的性能指标，单位是瓦特（W）。功率代表了电源的动能水平，功率越大，电源就越强劲有力。电源的输出功率又分为额定功率和峰值功率，在选购电源时一般以额定功率为准。

（2）转换效率

市电电流从进入电源到输送给各种部件的过程中会产生一定的损耗，这将导致电能的浪费，因此选购电源要考虑电能的转换效率，这个数值越高越好。设计优良、用料较好的电源能有效提升转换效率（可达 85%以上），从而减少不必要的电能损耗。

（3）静音效果与散热性能

电源对噪声和散热的管控能力取决于风扇的品质与转速。许多优质电源都采用 12cm 或 14cm 大风扇设计以及精良的温控技术，使得风扇能在转速与温度之间达到一个较好的平衡，很好地兼顾了散热和静音的要求。

（4）电源的输出接口

ATX 电源通常会附带多种输出接口，包括为主板供电的 20+4PIN 或 24+8PIN 主接口（含一个 4PIN 或 8PIN 的 CPU 加强供电接口），为显卡供电的 6PIN 或 8PIN 接口，以及为主流硬盘和光驱供电的 SATA 接口等。

3. 电源的主流品牌

目前市场上知名度较高的电源品牌有航嘉、长城、游戏悍将、先马、金河田、酷冷至尊、鑫谷、昂达、大水牛、海盗船等，质保期从 3 年、5 年到 7 年不等。大品牌的电源在原材料、生产工艺、做工品质、静音效果、稳定性、安全性和售后质保服务方面都做得比较好。

2.6.2 机箱

机箱为主板、电源、CPU、内存、硬盘、显卡等重要部件提供基本的安全保障。此外，机箱还能有效屏蔽主机部件发出的电磁辐射，消除各种电磁干扰，保护人们的身体健康。

1. 机箱的常见类型

从结构设计上看，PC 机箱主要可分为 ATX 机箱、Micro ATX 机箱和 Mini-ITX 机箱等几种。

（1）ATX 机箱

ATX 机箱是目前普遍使用的机箱结构，支持包括 ATX 主板和 Micro ATX 主板在内的绝大部分主板类型。ATX 机箱设计比较合理，机箱内部空间较大，并加强了局部气流输送与排热降温能力。另外，ATX 机箱的扩展插槽与硬盘仓位往往也配备齐全，既方便了主机部件的安装和拆卸，也能预留出足够的硬件扩容空间。

如图 2-70 所示为两款主流的 ATX 机箱外观，如图 2-71 所示为 ATX 机箱常见的两种内部空间结构设计。

图 2-70　两款主流的 ATX 机箱外观

图 2-71　ATX 机箱常见的两种内部空间结构设计

（2）Micro ATX 机箱

Micro ATX（简称 M-ATX）即微型机箱，属于 ATX 机箱的简化版，在布局设计上与 ATX 架构基本相同。Micro ATX 机箱体积较小，扩展插槽、硬盘仓位和光驱仓位较少，多用于品牌计算机、工控行业计算机和低成本计算设备等。如图 2-72 所示为 Micro ATX 机箱及其内部空间结构。

图 2-72　Micro ATX 机箱及其内部空间结构

（3）Mini-ITX 机箱

Mini-ITX 即迷你型机箱，简称 ITX，其机箱体积被进一步压缩，可容纳的部件也更少，但其占用空间很小，使用也比较灵活，主要用在小尺寸、低功耗的计算机平台中，如 HTPC（家庭多媒体计算机）、高清播放机、工控设备、瘦客户机、便携式计算设备等。如图 2-73 所示为两款 Mini-ITX 机箱。

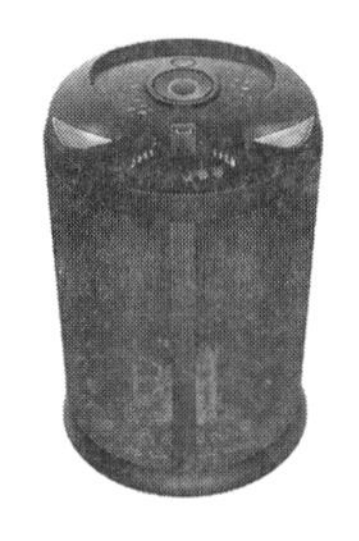

图 2-73 两款 Mini-ITX 机箱

2. 机箱的主流品牌

市场上比较知名的机箱品牌有金河田、航嘉、游戏悍将、长城、大水牛、多彩、鑫谷、先马、至睿、安钛克等，一线厂商出品的机箱拥有较好的做工品质和售后质保服务，也就更能得到用户的信赖。

2.6.3 电源的日常保养和维护

电源是整个计算机的动力之源，在进行保养时要注意以下几点。

（1）定期做好清洁除尘

电源的进风口是灰尘最容易侵入的地方，在进行清洁时，要先卸下电源盒的固定螺钉，取出电源盒、外罩和风扇，用一块纸板将电源的电路板与风扇隔离开来，然后用毛刷或拧干的湿布将积尘擦拭干净。

（2）注意改善局部散热效果

电源自身会排出较多的热量，因此在放置主机时，不能过于贴近墙壁，而应该在主机与墙壁之间留出一定的空间。另外主机后面不要堆放杂物，尽量保持良好的局部空气流通环境。

2.7 安装主机部件

2.7.1 安装准备工作

在组装计算机之前，用户应准备一张工作台和必要的安装工具，同时要注意操作的规范性。

（1）准备工作台

组装计算机需要一张工作台，可以用专门的计算机工作台，也可以用一张结实、平整的桌子，桌子上面最好铺上一张泡沫塑料、硬纸板或者光滑的桌布，并保持工作台的整洁和干净。

（2）配备装机工具

组装计算机往往要使用一些安装工具，包括螺丝刀、尖嘴钳、镊子、毛刷、轧带、清洁剂、小器皿、导热硅胶等。这些工具应配备齐全，以便在装机时能随手可用。常用的装机工具如图2-74所示。

图2-74　常用的装机工具

（3）注意规范操作

在装机前，用户应通过洗手、触摸金属管、戴防静电手套等方式来释放人体携带的静电。在安装过程中，要注意对准配件的安装方向，确保配件的接口或针脚安装固定到位，不能使用暴力来拆、装配件。

2.7.2　主机安装过程

装机前最好先规划好安装的步骤，明确每一步要进行的工作。下面列出了常见的主机安装步骤。

第一步：安装机箱和电源。

第二步：安装CPU和散热器。

第三步：安装内存条。

第四步：安装主板。

第五步：安装硬盘和光驱。

第六步：安装显卡和其他板卡。

第七步：连接主机内的线材。

（1）组装第一步：安装机箱和电源

在装机工作伊始首先要做的是拆开机箱，把电源装进机箱内部。操作过程简述如下。

① 取出机箱，并准备相应的铜柱、挡板、防尘片等零配件，然后将机箱的背面掉转过来，拧下机箱盖上的螺钉，拆开两边的侧盖挡板，如图 2-75 所示。

图 2-75　拆开机箱的侧盖挡板

② 将机箱卧放，左面朝上，先用橡皮筋把机箱内的线缆收拢并捆扎起来，以免影响后续操作，如图 2-76 所示。

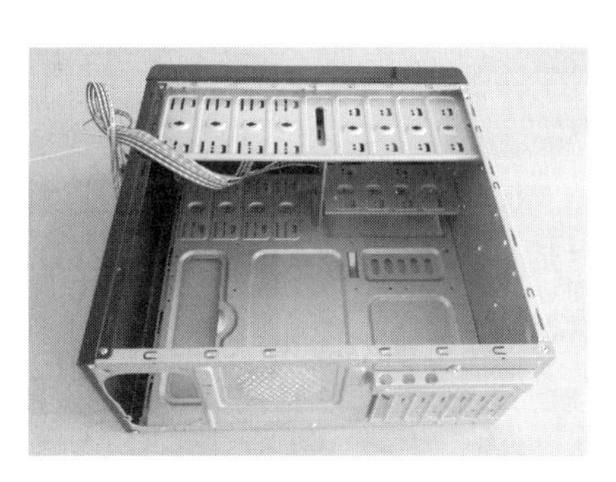

图 2-76　捆扎机箱内的线缆

③ 取出电源，将风扇排气口那面朝外，放置到电源安装仓位，确保电源 4 颗螺钉孔都已经和机箱的安装孔位对齐，如图 2-77 所示。

图 2-77　对齐电源螺钉孔位置

④ 用一只手固定住电源，另一只手用十字螺丝刀将 4 颗螺钉拧上。应按照对角线的固定方法来拧紧螺钉，即先安装一条对角线上的两颗螺钉，再安装另一条对角线上的两颗螺钉，这样就能保证电源安装得稳固，如图 2-78 所示。

图 2-78　安装主机电源

⑤ 至此，机箱和电源的准备工作已完成。先把机箱放置在一边，下面将要安装主要配件。

（2）组装第二步：安装 CPU 和散热器

为方便后续配件的安装操作，建议先将 CPU、散热器以及内存条安装在主板上，然后再把主板装进机箱内。操作过程简述如下。

① 取出主板，并准备一块塑料垫（也可以用泡沫垫或胶质垫），然后将主板和塑料垫平放在工作台上，如图 2-79 所示。

图 2-79　平放主板

② 取下 CPU 插槽上方的保护盖，轻轻往下微压用于固定 CPU 的压杆，同时将压杆向外推开，使其脱离固定卡口，这样便可以顺利将压杆拉起，如图 2-80 所示。

图 2-80　拉开 CPU 的固定压杆

③ 取出 CPU，将 CPU 中带有小三角标志的那个角与 CPU 插槽上带有小三角标志的角对齐，同时对准 CPU 与插槽两侧的凹凸型校正位，然后把 CPU 轻轻放在插槽上面，如图 2-81 所示。

图 2-81　将 CPU 平放进插槽

④ 用手指稍微用力按压 CPU 的两侧，确保 CPU 与主板插槽已完全贴合。

⑤ 待 CPU 安装到位后，将 CPU 压杆扣下，这时会听到“咔”的一声轻响，至此 CPU 已固定在主板中。安装后的效果如图 2-82 所示。

图 2-82　固定 CPU

⑥ 在 CPU 的核心区（保护盖一面）上面均匀涂上一层导热硅胶，但不要涂得太多、太厚，以免硅胶溢出。导热硅胶可加快 CPU 热量的传递，有效增强散热效果，如图 2-83 所示。

图 2-83　涂抹导热硅胶

小贴士

如果是用全新盒装 CPU，厂商会在包装盒中附送一个原装的 CPU 散热器，其底部的散热片上已经涂抹有一层导热硅胶，这样就不用在 CPU 上再涂一次硅胶了。

⑦ 取出 CPU 散热器，观察散热器的 4 个固定支架，以及每个支架上所刻的操作指引。然后找到 CPU 插槽周边的 4 个安装孔，将散热器的固定支架对准相应的安装孔位置，平稳地放置在 CPU 插槽之上，如图 2-84 所示。

图 2-84　放置 CPU 散热器

⑧ 用拇指摁住散热器的其中一个固定支架，将其底端的凸起部位压进安装孔内，然后将拇指按顺时针方向旋转 90°，即可将该支架安装牢固，如图 2-85 所示。再用同样的方法，分别将其他 3 个支架逐个安装牢固。

图 2-85 安装散热器支架

⑨ 将散热器的电源线插到主板上的 CPU 风扇供电接口中，如图 2-86 所示。仔细观察会发现，CPU 风扇的供电接口也采用了防误插的安装设计，安装起来比较方便。

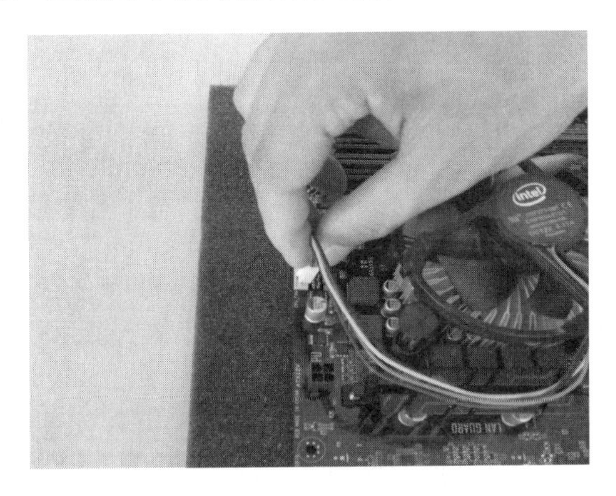

图 2-86 插入 CPU 风扇供电接口

（3）组装第三步：安装内存条

这一步是将 DDR4 内存安装到主板内存插槽上，操作过程如下。

① 找到内存插槽（位于 CPU 插槽旁边），可以发现内存插槽的一端已经固定，而另一端可以掰动。用拇指将一根插槽可以掰动的那一端卡脚（也叫扣具）向外侧掰开，使内存能够插入，如图 2-87 所示。

图 2-87 掰开内存插槽的扣具

② 仔细观察内存条，会发现内存条的两侧均有一个用于固定的凹槽，而底部金手指区也有一个凹形缺口，这是内存的防呆口，可防止用户插反内存条。将内存条底部的凹口对准内存插槽内的隔断位（凸起部位），如图 2-88 所示。

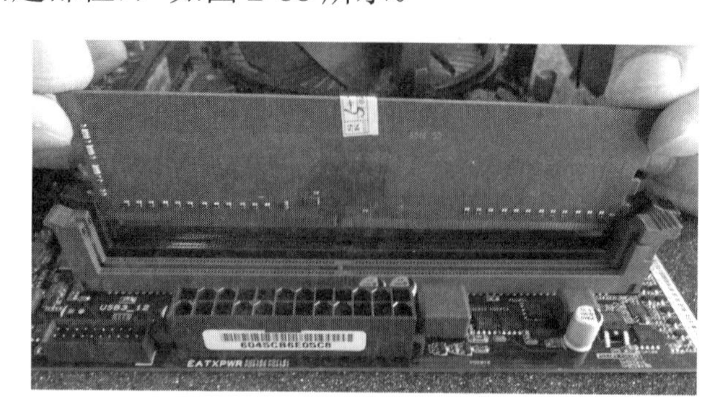

图 2-88　对准防呆口与隔断位

小贴士

如果使用旧内存条，最好先用橡皮擦反复擦拭金手指，直到金手指变得光亮，以防止金手指发生氧化。

③ 用双手大拇指摁住内存条的两端，用力往下压，将内存条压进插槽中，直至内存的金手指和内存插槽完全接触，听到“啪”的一声轻响后，内存插槽的卡脚就已自动卡住内存条两侧的凹槽，说明内存条已经安装到位，如图 2-89 所示。

图 2-89　将内存条压进插槽中

小贴士

如果将内存条压到底后，插槽卡脚仍然不能自动复位，可用手将其扳回凹槽。

（4）组装第四步：安装主板

固定主板的要点在于精确对准安装位置，并要细心地安装垫脚铜柱和螺钉。操作过程简述如下。

① 观察机箱托板的螺钉孔，然后取出数量足够的垫脚铜柱（这里需要 6 颗），分别旋入各个螺钉孔中，并将其拧紧，如图 2-90 所示。

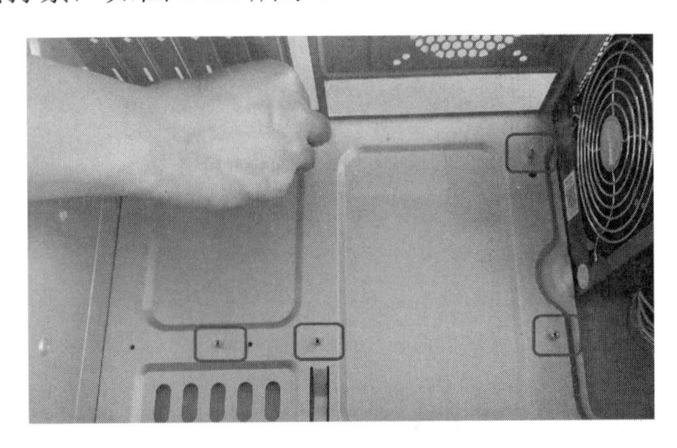

图 2-90　安装主板垫脚铜柱

② 用尖嘴钳把机箱背部 I/O 扩展区原有的挡片卸下，并将主板配套附送的 I/O 挡片安装到原挡片位置，如图 2-91 所示。

图 2-91　安装主板配套的 I/O 挡片

③ 双手平行握住主板的两侧，将主板安放在机箱托板上，比较一下主板上的固定孔与机箱螺钉孔的位置是否对应，如有偏移则调整铜柱的位置。在此过程中，要注意将主板的外设接口与机箱背部的 I/O 扩展挡片对齐，如果主板外设接口全部顶到对应的位置，就说明主板已经放置就位了，如图 2-92 所示。

图 2-92　正确放置主板

④ 将螺钉分别旋入相应的安装孔内，固定好主板，如图 2-93 所示。在安装主板时也应该采用对角线安装法，即先安装对角线上的两颗螺钉，检查无误之后再依次旋入其余的螺钉。

图 2-93　安装螺钉并固定主板

（5）组装第五步：安装硬盘和光驱

安装时要注意对准硬盘和光驱的固定孔位，建议先在两侧各安装 1 颗螺钉，再拧上其余的螺钉，以方便随时调整两侧的安装位置。硬盘的安装过程如下。

① 机箱竖立放置，观察硬盘安装仓，可以发现里面包含 4 个固定仓位，每个仓位的两侧都对称分布有几个向内凸出的固定架，这是专门用来托放并固定硬盘位置的，如图 2-94 所示。

② 将硬盘平托在手上，硬盘背面（保护壳一面）朝上。选择其中一个固定仓，将硬盘轻轻推入仓位里，直至仓位的尽头，此时硬盘两侧的安装孔与固定仓两侧的安装槽是贴合的，如图 2-95 所示。

图 2-94　硬盘安装仓位外观

图 2-95　将硬盘平推进仓位

③ 分别在硬盘仓位两侧的安装孔中拧上 4 颗螺钉，将硬盘固定住。

小贴士

如需安装第二块硬盘，可用同样的方法将硬盘装进另一个硬盘仓位里，两个仓位之间要确保留出一定的空间，以利于硬盘散热。

光驱仓位通常位于机箱的上方区域。不少机箱会提供一个超薄型光驱仓位和一个传统型光驱仓位，以便适应不同类型的光驱。光驱的安装方法如下。

① 拆掉机箱托架中光驱仓位前面的挡板，将光驱正面朝外，接口端朝内，从机箱外面平推进仓位中，如图 2-96 所示。

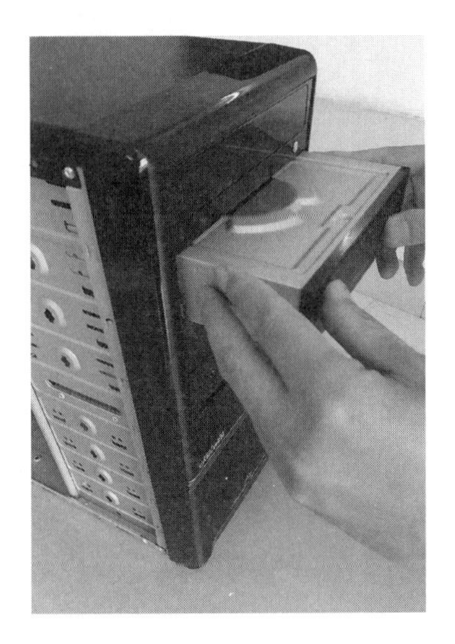

图 2-96　将光驱平推进仓位中

② 检查光驱的安装孔是否与固定仓位的安装槽对齐，若有偏位，可以前后滑动光驱，以便调整到合适的位置。

③ 在光驱安装仓位的两侧拧上 4 颗螺钉，固定好光驱，如图 2-97 所示。

图 2-97　固定 SATA 光驱

（6）组装第六步：安装显卡和其他板卡

显卡和其他板卡需安装在对应的插槽里，这里以 PCI-E 显卡为例，安装过程如下。

① 将 PCI-E 插槽所对应的扩充挡板以及螺钉拆掉。由于挡板已经和机箱连在一起，可先用螺丝刀将挡板顶开，再用尖嘴钳将其拔下，如图 2-98 所示。

图 2-98　拔下机箱后壳的扩充挡板

小贴士

请注意，这些挡板能起到阻挡灰尘进入机箱的作用，因此只要拆掉显卡所对应的那一块挡板即可，而无须全部拆掉。

② 把 PCI-E 插槽的固定扣具向外掰开，将显卡金手指端的凹口对准插槽中的凸起位置，显卡接口端则对准挡板的位置，用双手将显卡压入插槽中，如图 2-99 所示。

图 2-99　将显卡压入插槽中

③ 当显卡金手指端完全没入插槽时，扣具将会“啪”的一声恢复原位，将显卡扣住，而显卡接口端的金属翼片也会紧贴在挡板的位置，最后再拧上螺钉固定住显卡即可，如图 2-100 所示。

图 2-100 显卡安装完成

（7）组装第七步：连接主机内的线材

机箱内的配件需要连接各自的线缆，线缆的接口类型和连接方向也有差别，在安装时要注意检查和分辨。

① 连接主板电源线。

先在主板上找到对应的电源线插槽（面积最大且呈长方形），然后用手捏住电源线的供电插头，拇指压下卡钩，使钩端抬起，再对准主板上的电源插槽，慢慢地往下压，直至插头完全插入电源插槽，如图 2-101 所示。

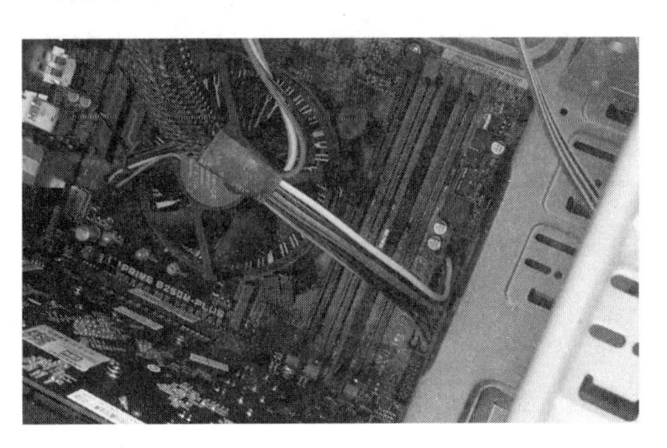

图 2-101 安装主板供电插头

在 CPU 插槽旁边找到一个 4 针的方形插槽，这是 CPU 专用的供电接口。然后找出 CPU 供电接线（4 针电缆），压下卡钩，将 CPU 供电插头完全插入插槽中即可，如图 2-102 所示。

图 2-102 安装 CPU 供电插头

② 连接硬盘和光驱线缆。

找出一根 SATA 数据线，将其中一端插入硬盘的数据接口中，另一端则插入主板上的 SATA1 接口，作为主硬盘设备，如图 2-103 所示。如果还要安装第二块硬盘，则将数据线插入主板的 SATA2 接口。

图 2-103 插入硬盘 SATA 数据线

在电源输出线缆中找出一根接头扁平的电源线，调整好安装方向，将其插入硬盘的电源接口中，如图 2-104 所示。

图 2-104 安装硬盘电源线

用同样的方法，找出一根扁平的电源线和一根 SATA 数据线，完成光驱的安装，如图 2-105 所示。

图 2-105 安装光驱电源线和数据线

③ 连接前置面板信号线。

机箱前置面板一般设置有控制开关、指示灯和外接端口，所用的线缆包括电源开关线（POWER SW）、复位开关线（RESET SW）、电源指示灯线（POWER LED）、硬盘指示灯线（H.D.D LED）、扬声器线（SPEAKER）和前置 USB 数据线等，如图 2-106 所示。

图 2-106　常用的前置面板线缆

参照主板说明书的图示信息，找到主板上的前置面板针脚接口区（一般和 SATA 接口处在同一区域），然后从电源开关接头（POWER SW）开始，逐个将这些前置面板线缆接头插接上去，如图 2-107 所示。

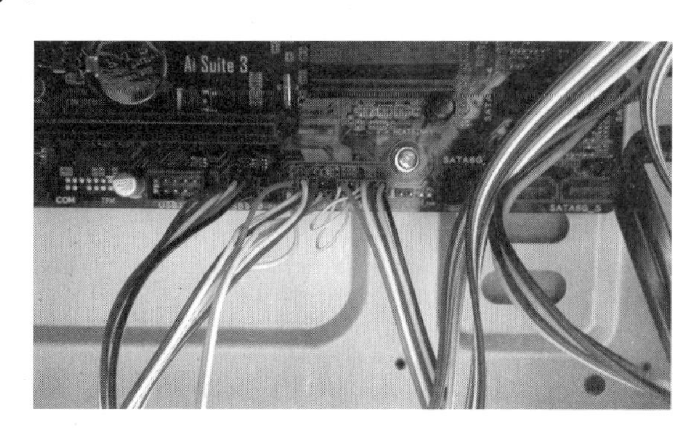

图 2-107　安装完成后的前置面板线缆

小贴士

除了 RESET 接头外，大部分接线头均要区分正、负极方向。带有“+”标识的为正极，带有“-”标识的为负极，而对于双线接口来说，彩色线（多为红色或绿色）要接到正极针脚，黑色或白色那条为接地线，需接到负极针脚。

④ 整理机箱内的线缆。

机箱内的配件和线缆安装完成之后，可用橡皮筋或者扎带将过长的线缆以及没有用到的电源线接头收纳、捆扎起来，并放置在一边，让机箱内部变得整洁、美观，消除因为凌乱而造成的安全隐患，如图 2-108 所示。最后将机箱侧盖板装上，至此主机配件安装完成。

图 2-108　整理机箱内部线缆

项目实训 1　安装主机核心部件

本实训将利用若干核心部件组装一台主机。

【实训目的】

熟悉各类主机部件的基本特点，掌握主机部件的安装方法。

【实训准备】

本实训需准备 CPU、主板、内存、硬盘、显卡、电源、机箱等核心部件各一个，以及相应的安装工具和配套线缆。

【实训过程】

STEP 1　准备好必要的安装操作环境，包括工作台、主机配件及工具物品等。

STEP 2　清理多余的杂物，保持操作环境的干净、整洁，并了解基本的安全操作规范。

STEP 3　根据实际条件，规划主机的安装过程，明确各部件的安装方法。

STEP 4　参考本书的具体介绍，逐个安装相关部件，特别要注意部件安装的顺序、接头的形状和接口方向，不可粗暴操作，如有不明之处要及时请教任课老师。

项目实训 2　保养与维护主机部件

下面对计算机主机各种部件进行保养和维护。

【实训目的】

熟悉主机部件的外观结构与结构特点，掌握主机部件的保养和维护方法。

【实训准备】

本实训需准备一套主要的主机部件，以及软刷、清洁布、清洁剂、喷嘴等常用的清洁工具。

【实训过程】

STEP 1　检查主板、CPU、内存、硬盘、电源、板卡等主要配件是否安装完好，是否存在较多的灰尘、杂质。

STEP 2　对上述各种主机配件进行除尘、除湿等清洁保养措施，并观察这些配件是否有烧坏、变形、损伤等问题。

STEP 3　对主机配件的清洁保养过程进行记录，并针对相关问题进行讨论分析，尽可能地给予相关配件力所能及的修复。

项目 3

安装计算机外部设备

职业情景导入

安装完一台计算机主机后，阿秀感觉有问题要请教老王。

阿秀：王工，计算机除了主机之外还需要哪些部件呢？这些部件又该如何安装？

老王：光靠主机部件是不够的，还要搭配键盘、鼠标、显示器、音箱等外部设备。下面我们就来学习如何安装这些常见的外部设备，最终组建一台完整、可用的计算机。

阿秀：好的！

知识学习目标

- 了解外部设备的功能与常见类型
- 掌握外部设备的主要性能参数
- 掌握外部设备的保养维护方法

技能训练目标

- 能够辨识外部设备的安装接口
- 能够将外部设备连接到主机上
- 能够对外部设备进行简单的保养维护

3.1 认识键盘和鼠标

键盘和鼠标是计算机主要的输入设备，承担了最常用的输入操作，其质量的好坏和操作的舒适程度直接影响计算机输入的效率，甚至还关系到用户的手部健康，因此对于键盘和鼠标的选择也不能马虎。

3.1.1 键盘

键盘通过敲击按键的方式实现对计算机的操控。布局设计合理、工艺较好的键盘能有效提高输入效率，并减轻手指操作时的不适感。

1. 键盘的布局结构

键盘通常由主键盘区、F 键功能键盘区、Num 数字辅助键盘区、控制键区等几个部分组成，多功能键盘往往还会增添快捷功能键区，提供静音、备份、关机、杀毒、上网等一键快捷操作功能。键盘的基本外观如图 3-1 所示。

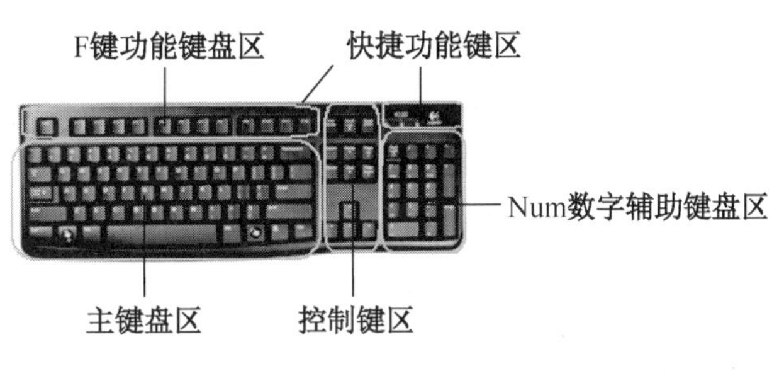

图 3-1 键盘的基本外观

2. 键盘的常见类型

键盘的种类有很多，常见的有以下几种。

(1) 按照键盘的接口分类

按照接口方式的不同，可将键盘分为 PS/2 接口和 USB 接口两种。键盘 PS/2 接口通常以紫色标示，只能插在主板专用的 PS/2 接口中。USB 接口是通用的即插即用型接口，支持热插拔，可广泛应用在各种计算机设备上。如图 3-2 所示为键盘 PS/2 接口与 USB 接口外观对比。

图 3-2　键盘 PS/2 接口与 USB 接口外观对比

（2）按照键盘的连接方式分类

按照连接方式的不同，键盘可分为有线键盘和无线键盘两类。有线键盘通过数据线连接到计算机中，无线键盘则省去了数据线的麻烦，通过 USB 收发器来完成无线信号的传送，有效传输距离一般为 5 米左右。如图 3-3 所示为一款无线触控键盘。

图 3-3　无线触控键盘

（3）按照键盘的按键数分类

标准键盘通常采用 102 键、104 键或 107 键等几种设计规范，其中 104 键盘包含 2 个系统菜单键和 1 个右键菜单键，有些键盘还加入了“睡眠”“唤醒”“开/关机”三个电源管理功能按键，用户可通过键盘直接进行开/关机操作。

多媒体键盘则额外增加若干多媒体应用功能键，可实现一键影音播放、调节音量、访问网页、启动应用软件等功能。如图 3-4 所示为一款多媒体游戏键盘。

图 3-4　多媒体游戏键盘

（4）其他键盘类型

市面上还有一些颇具特色的键盘产品，比如人体工程学键盘和背光键盘。人体工程学键盘由微软公司发明，它根据人体生理结构特点而设计，将键盘的左手键区和右手键区分开，并形成一定的角度，能让用户的双手、肩部和颈部处于一种相对自然放松的状态，在一定程度上缓解了由于长时间操作键盘而导致的疲劳。如图 3-5 所示为一款微软人体工程学键盘。

图 3-5　微软人体工程学键盘

背光键盘也叫夜光键盘，其主要特点是键盘的按键或面板会发光，在夜晚光线很暗的环境下也能看清键盘字母和符号，从而提高键盘操作效率和击键准确率。背光键盘的设计比较时尚美观，非常适合经常在夜间使用计算机的用户（特别是游戏爱好者）。如图 3-6 所示为一款背光型游戏键盘。

图 3-6　背光型游戏键盘

3.1.2　鼠标

鼠标能使计算机的应用变得更加简单便捷，用户只需轻轻摁下手指便能快速完成许多复杂的操作。

鼠标的种类也有不少，根据不同的形式可将鼠标划分成以下几种类型。

（1）按照鼠标的结构分类

根据内部结构的不同，鼠标可分为光电鼠标和激光鼠标等几种。光电鼠标的底面有一只光电感应器，通过红外线散射出的光斑来捕捉鼠标的脉冲信号，是目前使用最广的鼠标产品，如图 3-7 所示。激光鼠标采用激光代替红光 LED，拥有更高的精度和灵敏度，如图 3-8 所示。

图 3-7　光电鼠标

图 3-8　激光鼠标

（2）按照鼠标的连接分类

根据连接方式的不同，鼠标可分为 PS/2 鼠标、USB 鼠标、无线鼠标等，与键盘的连接方式相似，如图 3-9 所示。

图 3-9　PS/2 鼠标、USB 鼠标与无线鼠标

（3）按照鼠标的键数分类

若以按键设计分类，鼠标又分为三键鼠标和多键鼠标。三键鼠标带有左右键和一个滚轮或中键，在很多程序应用中能起到事半功倍的作用，如图 3-10 所示。多键鼠标除了附带滚轮外，还会增加拇指键、小指键、文字输入键等辅助功能键，如图 3-11 所示。多键鼠标的总键数有 5 键、7 键、9 键等多种，有的甚至多达 20 键。

图 3-10　三键鼠标

图 3-11　多键鼠标

（4）多功能专业鼠标

除了传统型鼠标外，市面上还有一些具有专用操作功能的鼠标产品，比如电子竞技鼠标。这类鼠标款式较酷，性能较强，解析度范围比较大，定位精度和像素水平都非常高，能大大改善游戏竞技的体验感，但是价格也比较贵。如图 3-12 所示为两款电子竞技鼠标。

图 3-12　两款电子竞技鼠标

3.1.3　键盘和鼠标的主流品牌

键盘和鼠标行业中比较知名的品牌有双飞燕、罗技、微软、雷蛇、雷柏、多彩、血手幽灵等。一线大厂除了提供一年以上质保服务和良好的性能保障外，在操作舒适度以及对人体健康的保护方面也做得比较到位。

3.1.4　键盘与鼠标的日常保养和维护

键盘和鼠标在日常使用中要注意以下一些事项。

1. 键盘的清理保养方法

最简单的清洁方法是把键盘反过来轻轻拍打，使里面的灰尘或杂物掉落出来。如果键盘里面的杂物难以拍出，可使用大功率的吹风机或吸尘器清理。另外还可以用毛刷清扫键盘表面，或者用拧干的湿布擦拭键盘。遇到难以清除的污垢，可以用无水酒精来清洗，或者用清洁胶来清理。

如图 3-13 所示为使用无水酒精擦拭键盘，如图 3-14 所示为采用清洁胶清理键盘表面污垢。

图 3-13　使用无水酒精擦拭键盘

图 3-14　采用清洁胶清理键盘表面污垢

2. 鼠标使用注意事项

鼠标虽然体积小巧，操作简单，但其日常的保养维护也同样不能忽视。

光电鼠标在使用中要避免摔碰鼠标和用力拉扯数据线，单击按键的力度要适宜，以防损坏弹性开关。另外，最好配备一张鼠标垫，既能增加鼠标操作的灵活度，还可以起到减震和保护光电元件的作用。

无线鼠标不宜在电器设备旁边使用，因为强磁场环境很可能会干扰无线鼠标信号的传输。如果长期不用鼠标，则应取出电池，以避免电池过度放电而发生漏液。

3.2 认识显示器

显示器是计算机最重要的输出设备之一，也是计算机与用户交流的窗口。随着技术的发展，显示器的种类越来越丰富，尺寸更薄，功能更多，视觉效果也在不断增强。

3.2.1 常见的显示器类型

常用的显示器产品可分为 CRT 显示器、LCD 显示器、LED 显示器、PDP 显示器、3D 显示器等多种类型。

（1）CRT 显示器

CRT（俗称“纯平”）显示器曾是使用最广泛的显示器之一，由于体形比较笨重，功耗较大，且带有一定的辐射性，现已不再生产。如图 3-15 所示为一款 CRT 显示器。

图 3-15　CRT 显示器

（2）LCD显示器

LCD也叫液晶显示器，其机身更薄，图像品质更高，屏幕不会闪烁，更有利于保护人体健康，是当前主流的显示器类型。如图3-16所示为一款LCD显示器。

图3-16 LCD显示器

（3）LED显示器

LED（发光二极管）显示器多用于室内外的屏幕或电视墙播放，包括商业广告、政务宣传、市政美化、影视欣赏等。例如，央视春晚直播现场那流光炫彩般的舞台视觉效果便是由高清LED屏幕来展示的。如图3-17所示为一款LED显示器。

图3-17 LED显示器

（4）PDP显示器

PDP（等离子）显示器拥有机身纤薄、分辨率超高、图像高度鲜艳仿真、显像清晰度极佳等优势，支持大幅面超宽视角和均匀平滑成像，能实现较为理想的纯平面图像显示效果。如图3-18所示为一款PDP显示器。

图 3-18　PDP 显示器

（5）3D 显示器

3D 显示器是一种特殊的高端显示器，以能够实现三维立体画面成像而著称，如图 3-19 所示。随着 3D 应用的流行，3D 显示器让消费者足不出户就能在客厅或房间内体验 3D 多媒体娱乐效果。

图 3-19　3D 显示器

3.2.2　LCD 显示器

下面以最常用的 LCD 显示器为例，介绍显示器的基础知识。

1. LCD 显示器的性能参数

LCD 显示器的性能水平主要由以下几种参数指标决定。

（1）尺寸

尺寸指的是显示器液晶面板对角线的长度，单位是英寸。常见的 LCD 显示器尺寸规格有 19 英寸、21 英寸、22 英寸、24 英寸、27 英寸、30 英寸、32 英寸和 34 英寸等。

（2）屏幕分辨率

分辨率用来衡量屏幕的显示能力和显示精度。每一种尺寸的 LCD 显示器都有其预设的最佳分辨率值，如 19 英寸 LCD 的最佳分辨率通常为 1440×900（单位为像素，下同），22 英寸

LCD 的最佳分辨率大多为 1680×1050，而 27 英寸以上 LCD 屏幕还能达到 4K 甚至 5K 超高清画质。大屏显示器能拥有更高的分辨率，画质更细腻，成像效果也更好。

（3）响应时间

响应时间代表了 LCD 显示器各个像素点的反应速度，单位是毫秒（ms）。响应时间值越小越好，可避免出现“拖影”或“重影”现象，提高画面显示质量。目前 LCD 显示器的响应时间大多在 5ms 以内。

（4）亮度

亮度是指屏幕画面的明亮程度，单位是 cd/m^2。从理论上说，亮度越高，屏幕画面就越亮丽和清晰。主流 LCD 显示器的亮度大多在 $300cd/m^2$，这个亮度水平的显示效果相对较好，有些大屏显示器能具备 $400cd/m^2$ 以上的亮度。

（5）对比度

对比度指的是屏幕上白色与黑色之间亮度层级的比值，与亮度一起作为衡量 LCD 显示器好坏的重要参数，亮度与对比度搭配平衡的显示器才能呈现出较为美观的画质。

对比度分为静态对比度和动态对比度，使用最多的是动态对比度。LCD 显示器的静态对比度大多在 1000：1 以上，而动态对比度可达 50000000：1。

（6）屏幕比例

显示器屏幕宽度和高度的比例称为屏幕比例。目前 LCD 标准的屏幕比例有 4：3、16：9、16：10、21：9 等，其中后三项比例属于宽屏规格，更接近黄金分割比，也更适合眼睛的视觉特性，在面对屏幕时能给人更舒适的观赏体验。

2. LCD 显示器的主流品牌

目前 LCD 显示器行业的主流品牌有三星（Samsung）、冠捷（AOC）、LG、飞利浦（Philips）、优派（ViewSonic）、明基（BenQ）、戴尔（DELL）、惠科（HKC）、惠普（HP）等，在质量、工艺、面板材料、外形和功能设计方面都比较科学与人性化，产品时尚新颖，经久耐用，售后质保服务也更加让人放心。

3.2.3 显示器的日常保养和维护

显示器是一种比较“娇气”的计算机设备，只有日常保养得当，才能保障显示器持续稳定地工作，并延长显示器的使用寿命。

（1）避免屏幕长时间工作

显示器若长时间使用会容易导致屏幕色彩失真，加剧显示器内部元件的老化，而这种损坏将是永久性的，无法挽回。所以在不用的时候，最好关闭显示器。

（2）定期清洁屏幕

显示器在用久了之后，屏幕上常会黏附灰尘、水渍或其他污垢，这就需要对屏幕进行清洁。清洁的方法很简单，先关闭显示器，将干净柔软的纯棉无绒布蘸上清水，然后稍稍拧干，再从屏幕的一边向另一边轻轻擦拭。另外还可以购买专门擦拭屏幕的清洁剂。清洁完成后让屏幕自然风干即可。

（3）勿用硬物触碰液晶屏幕

显示器屏幕属于玻璃制品，容易被硬物刮伤，所以用户平常应该避免用指甲、笔尖、硬币、纽扣、硬质纸等一切硬物去触碰、敲击或划过屏幕。

3.3 认识音箱

音箱是多媒体播放系统的重要组成部分，音箱性能的高低决定了计算机多媒体音质的体验效果，以及用户所能获得的听觉感受。

3.3.1 音箱的常见类型

音箱的种类很多，产品特性与功能用途也不一样。

若按使用场合的不同，音箱可分为家用音箱和专业音箱两大类；若按音频范围的不同，音箱可分为全频带音箱、低音音箱和超低音（低音炮）音箱等几种；若按箱体材质的不同，音箱可分为木质音箱、塑料音箱、金属材质音箱等几种；若按声道数量的不同，音箱可分为 2.0 声道、2.1 声道、4.1 声道、5.1 声道和 7.1 声道音箱等几类。

图 3-20～图 3-22 分别为 2.1 声道塑料音箱、2.0 声道木质音箱和 2.1 声道金属材质音箱。

图 3-20　2.1 声道塑料音箱

图 3-21　2.0 声道木质音箱

图 3-22　2.1 声道金属材质音箱

3.3.2　音箱的性能参数

音箱的性能参数决定了音箱整体的音效表现，主要包括以下几个方面。

（1）播放功率

播放功率是选择音箱的主要参考指标之一，决定了音箱所能发出的最大声强，对于人来说就是能感觉到音箱发出的声音具有多大的震撼力。根据相关国家标准，音箱的播放功率包括额定功率和峰值功率两种标注方法，一般是以额定功率作为选购标准。

（2）信噪比

信噪比是音箱回放的正常声音信号与无信号时噪声功率的比值，用 dB（分贝）表示。信噪比的数值越高，意味着音箱的噪声越小，声音的重放效果就会愈加清晰、干净，也更有层次感。多媒体音箱的信噪比一般不能低于 80dB，低音炮的信噪比要在 70dB 以上。

（3）失真度

音箱的失真度表明声音信号在转换时出现的失真程度。失真度通常以百分数来表示，百分比数值越小说明音箱的音色越佳，声音就越为真实。

市面上的多媒体音箱一般把失真度控制在 5%的范围内，而品质越好的音箱其失真度自然就越低。一般来说，选择失真度小于 0.5%的高保真音箱会比较适合多媒体影音娱乐。

（4）频率响应范围

频率响应（简称频响）范围也是衡量音箱整体性能优劣的一个重要指标，它与音箱的性能和价位有着直接的关系，单位是 dB（分贝）。大多数情况下，多媒体音箱的频率响应值保持在 20～20000Hz（+/−3dB）的范围内，而优质音箱的频响范围偏差值约为 20～20000Hz（+/−0.1dB）。

3.3.3 音箱的主流品牌

目前市场上主流的音箱品牌有漫步者、惠威、麦博、飞利浦、三诺、索威、兰欣、盈佳、雅马哈等。

3.4 准备和安装计算机外部设备

3.4.1 安装准备工作

准备一台完整的主机，以及显示器、键盘、鼠标、音箱等外设，并将这些设备摆放在工作台上。

3.4.2 外部设备安装过程

（1）安装显示器

LCD 显示器通常配备了 VGA、DVI 或 HDMI 等接口，需要与显卡的接口相匹配。这里仅介绍 VGA 接口的连接方法。

① 找出显示器的数据线插头，对比显示器与显卡的接口规格，然后将一端插入与之对应的显示器，另一端则插入显卡中，再拧紧插头两边的螺钉即可，如图 3-23 所示。

② 找出显示器配套的电源线，将之插入显示器后部的电源接口，再接上专用的稳压器，而另一头则插入电源排插中，如图 3-24 所示。

（2）连接键盘和鼠标

常用的键盘、鼠标接口分为 PS/2 和 USB 两种，其中 PS/2 为圆形插头，必须接到专用的 PS/2 接口，而 USB 设备则可以插入任意一个 USB 接口中。下面以一款 PS/2 键盘和一款 USB 鼠标为例进行介绍。

图 3-23 将显示器连接到显卡

图 3-24 连接显示器电源线

找到机箱后部的 PS/2 圆形接口，观察这两个接口的颜色标识，一般来说紫色为键盘接口，绿色为鼠标接口。本例中的主板采用了键、鼠合一的单接口设计，支持 PS/2 键盘和鼠标的兼容安装。

由于 PS/2 接口采用了防误插设计，用户在安装时要将插头里面的凸出物对准 PS/2 接口里面的凹孔，再轻微用力插入，切忌强行往里插，否则会扭弯插头中的针脚。PS/2 键盘安装后的效果如图 3-25 所示。

USB 鼠标的安装非常简单，只需插到机箱后侧的 USB 接口即可，如图 3-26 所示。

图 3-25 安装 PS/2 键盘

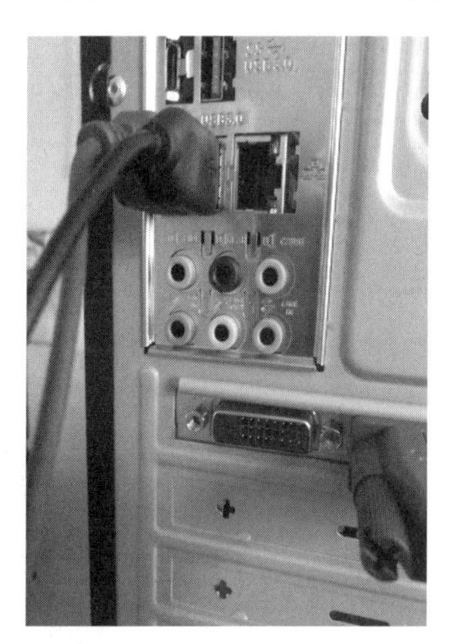

图 3-26 安装 USB 鼠标

知识补充

如果使用无线键盘或无线鼠标，那么要将无线信号收发器插到机箱后部的 USB 接口上。

（3）安装多媒体音箱

为获得良好的多媒体体验效果，需要为计算机配备音箱、耳机、麦克风、摄像头等外接设备。这里以一款 2.1 低音炮塑料音箱为例进行介绍。

观察本例所用的音箱，发现该音箱的两个附属喇叭已连接并固定到音箱主机中，因此不需要再额外进行安装操作，另外该音箱还附带有两个外接接头，如图 3-27 所示。

图 3-27　音箱、附属喇叭与接口外观

观察机箱后部的主板集成声卡接口区，可以看到该款集成声卡共提供了 6 个外接端口，包括音频输入接口、音频输出接口、麦克风接口、耳机接口、高清音频输出接口等。

将音频连接线的一头插入主板对应的音频输出端口，如图 3-28 所示，音频连接线的另一头已固定在音箱后面的“Input/输入区”端口。

图 3-28　插入音频连接线

知识补充

如果使用耳机听音乐，只需将耳机的连接线插到绿色的音频输出端口即可。若需使用麦克风，则要将麦克风的连接线插到粉红色的 Mic（或 Micphone）端口。

3.5 测试计算机硬件

计算机完成组装后，应接通电源，对计算机硬件进行基本的测试，以便检查计算机是否存在问题，并及时进行排查和修复。

3.5.1 通电测试

接通电源后，按下机箱面板上的电源（Power）按钮，电源指示灯发出绿色或蓝色亮光，硬盘指示灯开始闪烁发光。

随后主机扬声器会发出“嘀”的一声启动音，鼠标出现红色或蓝色亮光，键盘右上角的三个指示灯跟着会亮起闪烁一下，显示器也会“嚓”的一声启动，这表明计算机已完成通电程序，硬件设备可正常启动。

如果此时计算机没有过电反应，或某些部件没有亮灯，则要检查电源是否插好，电源线有没有松动，相关部件是否有问题等。

3.5.2 启动测试

当屏幕出现开机 Logo 画面时，计算机进入自检程序，开始逐个进行硬件识别检查。这时屏幕中将显示主板厂商或 BIOS 芯片厂商的 Logo 标识，同时还会列出 CPU、内存、硬盘、系统总线等主要部件的参数信息，这个过程也反映了硬件自身的健康与运行状况。

用户可以观察这些部件的自检状态，从中判断发生故障的可能性。如果在某一项硬件检测上停顿不前，或者主板发出了或长或短的报警音，那么就要检查具体是哪个部件出现问题，该部件是否已安装牢固，电源线和数据线是否连接到位，是否存在漏接或接触不良等情况。

图 3-29 列出了计算机组装与测试流程的一个简要示例，供用户参考。

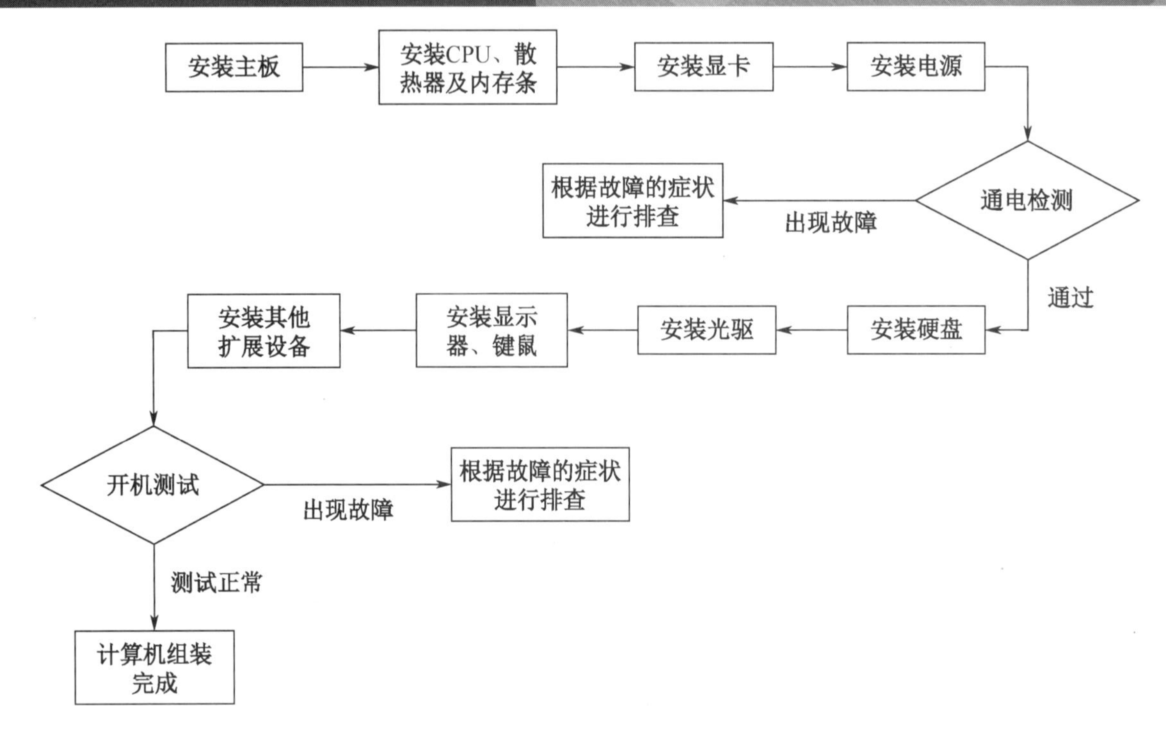

图3-29　计算机组装与测试流程简要示例

项目实训1　安装计算机外部设备

本实训将安装常用的外部设备，最终完成一台计算机的组装。

【实训目的】

熟悉计算机常用外部设备的基本特点，掌握外部设备的安装方法。

【实训准备】

本实训需准备显示器、键盘、鼠标、音箱等外部设备，以及相应的设备线缆。

【实训过程】

STEP 1　准备好必要的安装操作环境。

STEP 2　清理多余的杂物，保持操作环境的干净整洁，并了解基本的安全操作规范。

STEP 3　根据实际条件，逐个安装外设部件，特别要注意外设接头的形状和接口（或针脚）方向，不可粗暴操作，如有不明之处要及时请教任课老师。

项目实训 2　测试计算机硬件

本实训将对一台计算机进行基本的硬件测试。

【实训目的】

掌握计算机硬件的基本测试方法与测试流程。

【实训准备】

本实训需准备一台实训用计算机，以及电源排插、维修工具等。

【实训过程】

STEP 1　准备一台完整的计算机、一个电源排插以及相关的工具物品。
STEP 2　检测主机、显示器、键盘等设备的通电情况。
STEP 3　观察开机自检画面，检查主机、外设的启动状况。
STEP 4　如发现问题，可请教任课老师，或与其他同学一起合作进行排查。

项目 4

安装操作系统与应用软件

职业情景导入

看到自己组装了一台新的计算机，阿秀十分高兴，迫不及待地想要使用这台计算机。

阿秀：王工，计算机已经组装好了，我可以操作它了吗？

老王：现在还不行，还需要安装必要的软件才能正常使用。

阿秀：哦，就是人们所说的装系统吗？

老王：对。除了最重要的操作系统外，还要安装一些日常所需的应用软件。

知识学习目标

- 了解 Windows 系统的主流版本和安装要求
- 掌握 Windows 系统和应用软件的安装过程
- 掌握硬件驱动程序的常见类型和安装方式

技能训练目标

- 能够独立安装主流的 Windows 系统
- 能够独立安装常见的应用软件
- 能够采用不同的方式安装硬件驱动程序

4.1 安装 Windows 7 系统

操作系统是计算机软件系统的核心，也是计算机得以正常运行的基础。目前主流的计算机操作系统包括微软 Windows 系统、UNIX 系统、Linux 系统和苹果 Mac OS X 系统等，其中 Windows 7 和 Windows 10 已广泛应用于全球 PC 行业中。下面介绍 64 位 Windows 7 中文旗舰版系统的安装过程。

1. 系统引导阶段

① 按“电源”键开机，不断按“Del”或其他热键，进入 BIOS 设置界面，将光驱设为第一启动设备。然后放入 Windows 7 系统光盘，保存 BIOS 设置后重启计算机，随后屏幕上会出现“Press any key to boot from CD or DVD...”的光驱启动提示，如图 4-1 所示。

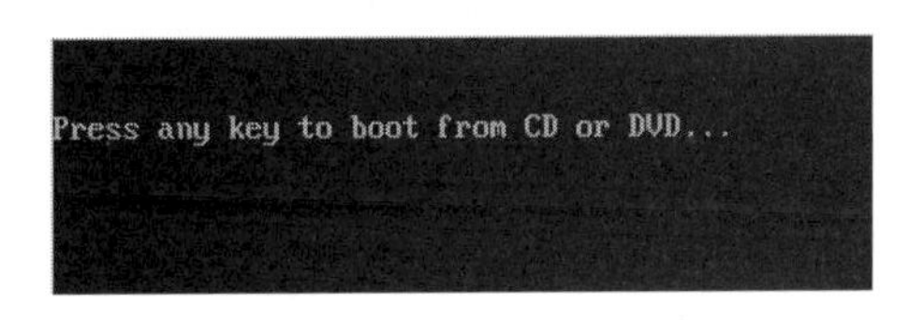

图 4-1　光驱启动提示窗口

② 按下键盘上的任意键，光驱开始引导启动，这时屏幕上会出现“Windows is loading files...”的一行提示信息，这表示 Windows 系统正在加载光盘引导文件，如图 4-2 所示。

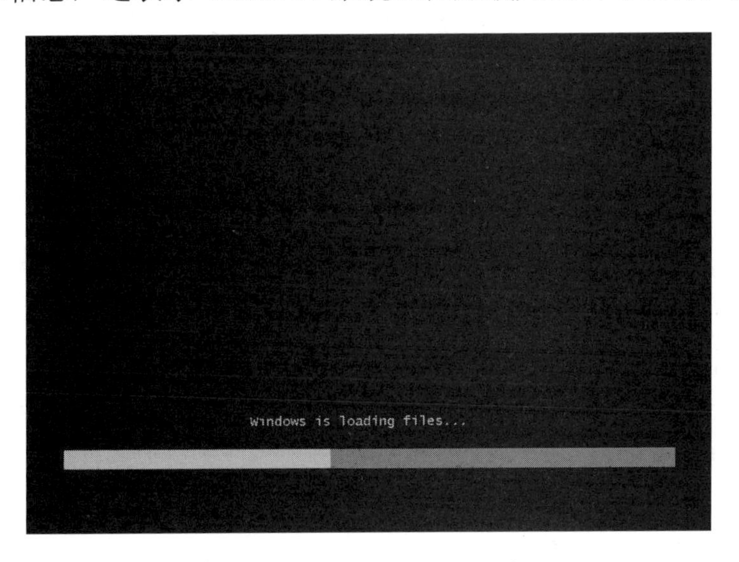

图 4-2　加载光盘引导文件窗口

③ 随后出现“Starting Windows”窗口，安装程序正通过引导文件完成初始启动进程，

如图 4-3 所示。

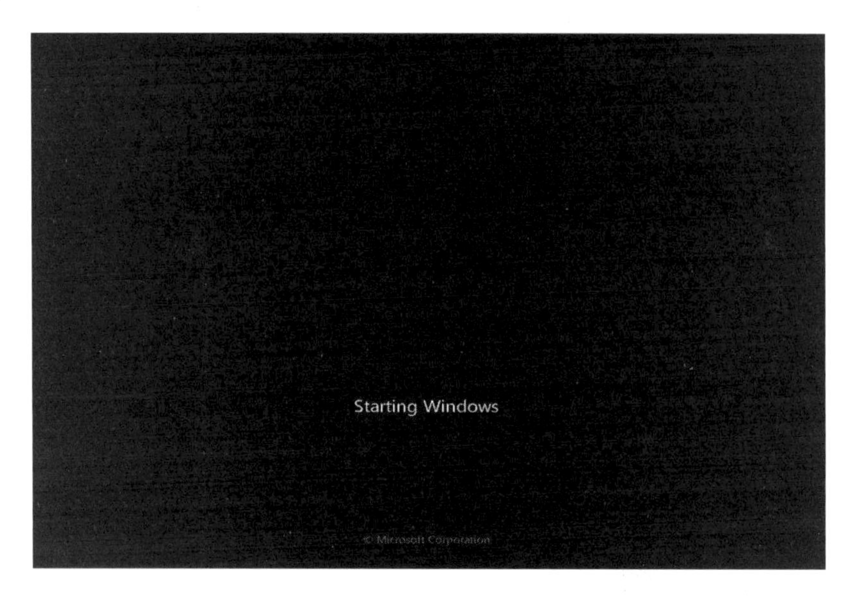

图 4-3 “Starting Windows”窗口

2. 系统安装配置阶段

① 启动文件加载完成后，屏幕将出现一个系统设置窗口，用户可以对 Windows 7 的系统语言、时间和货币格式、键盘和输入方法进行设定，这里一般保持默认设置即可，如图 4-4 所示。

图 4-4 Windows 系统设置窗口

② 单击“下一步”按钮，随后出现如图 4-5 所示的“安装”提示窗口。单击“修复计算机”链接可以修复原有系统存在的问题，这里单击“现在安装”按钮，将安装一个完整的

Windows 系统。

图 4-5　“现在安装”提示窗口

③ 随后屏幕上显示“安装程序正在启动...”字样，接着弹出“请阅读许可条款”窗口，如图 4-6 所示。用户可以阅读其中的软件许可条款，然后勾选“我接受许可条款”复选框，再单击“下一步”按钮继续安装。

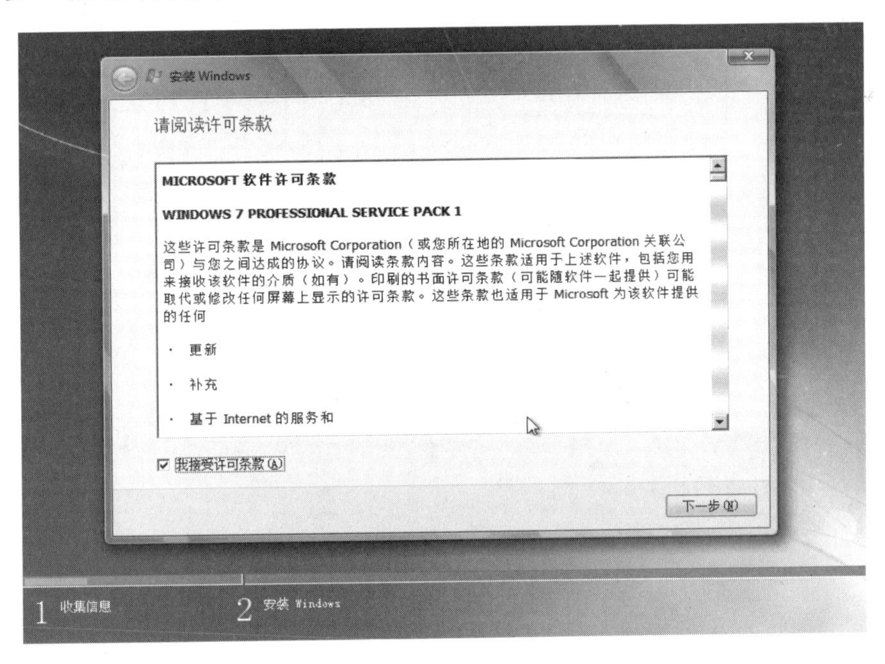

图 4-6　“请阅读许可条款”窗口

④ 随后出现“您想进行何种类型的安装？”窗口，用户可以根据自己的实际需要选择合适的安装类型。由于本例采用全新安装方式，因此这里单击“自定义（高级）”选项，如图 4-7 所示。

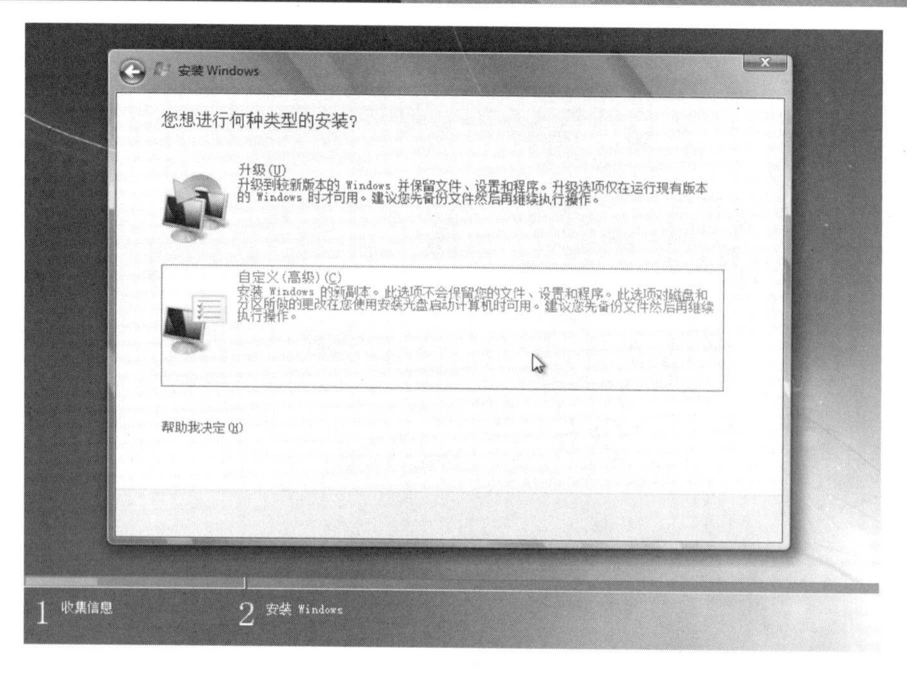

图 4-7　“您想进行何种类型的安装？”窗口

⑤ 随后弹出“您想将 Windows 安装在何处？”窗口，此处需要选择把 Windows 7 系统安装在哪个磁盘分区。这里选择“磁盘 0 分区 2”作为系统分区，如图 4-8 所示。

图 4-8　“您想将 Windows 安装在何处？”窗口

如果使用的是新硬盘，用户也可以在这里直接创建分区。方法如下：依次单击“驱动器选项（高级）”→“新建”选项，在“大小”一栏中输入合适的容量（如“51200MB”），再单击“应用”按钮，如图 4-9 所示。C 盘创建完成后，再依次创建其他分区。

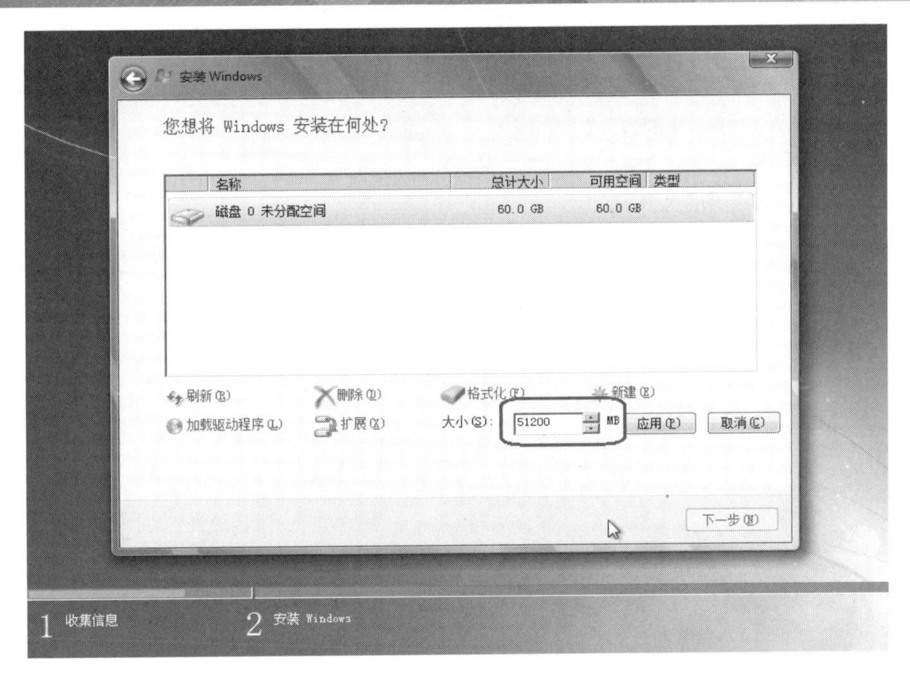

图 4-9 创建磁盘分区窗口

⑥ 单击“下一步”按钮，开始安装 Windows 系统，其间可能会有几次重启，如图 4-10 所示。

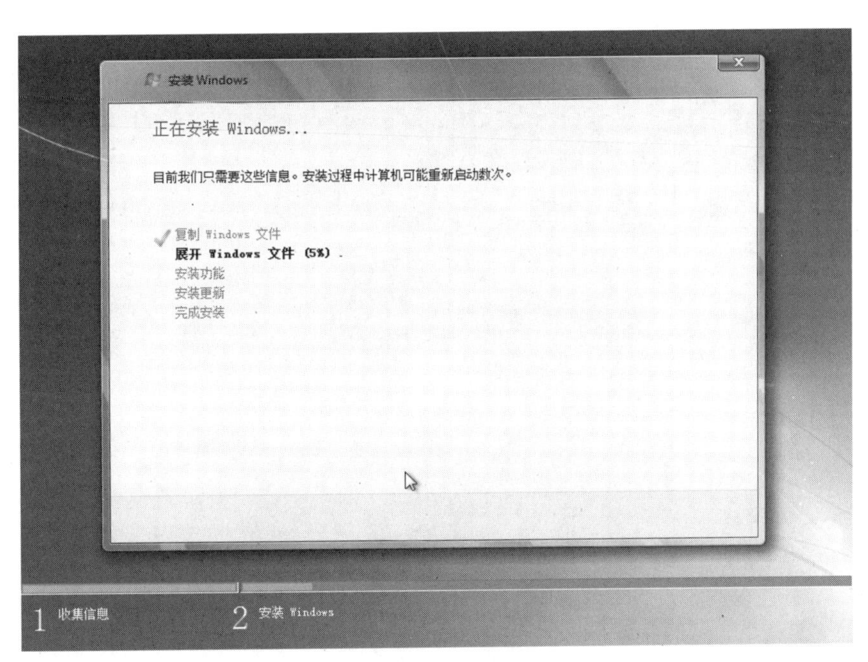

图 4-10 “正在安装 Windows...”窗口

⑦ 在完成“安装 Windows”这一步骤后，系统会弹出一个重新启动的提示窗口。用户可以单击“立即重新启动”按钮，如果不单击该按钮，系统将在 10 秒后自动进行重启，如图 4-11 所示。

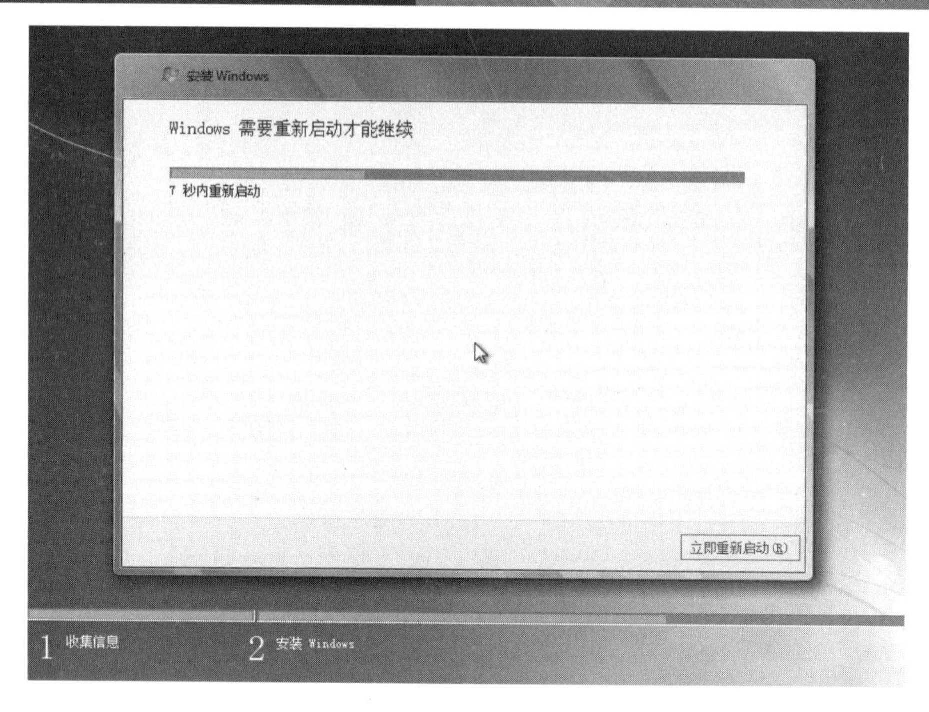

图 4-11　系统重新启动提示窗口

⑧ 计算机重启后，屏幕上会出现 Windows 7 系统的启动画面，如图 4-12 所示，随后会继续自动执行安装命令。

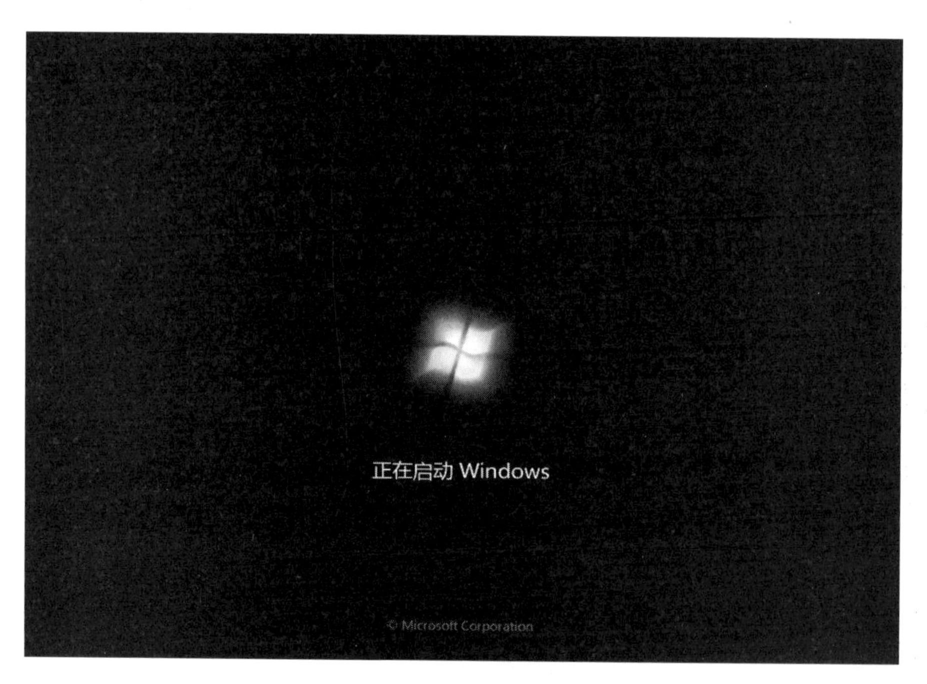

图 4-12　“正在启动 Windows”窗口

⑨ 在所有的安装工作全部结束后，计算机将会再次重启。在这个过程中，系统会自动对主机硬件进行必要的检测，为用户首次使用 Windows 7 系统做准备，如图 4-13 所示。

图 4-13　Windows 首次使用做准备界面

3. 用户信息设置阶段

① 计算机重启之后，进入用户信息设置界面。这里要设置一个用户名称，系统将依此生成一个计算机名称，本例中采用“Stephen”作为用户名，如图 4-14 所示。

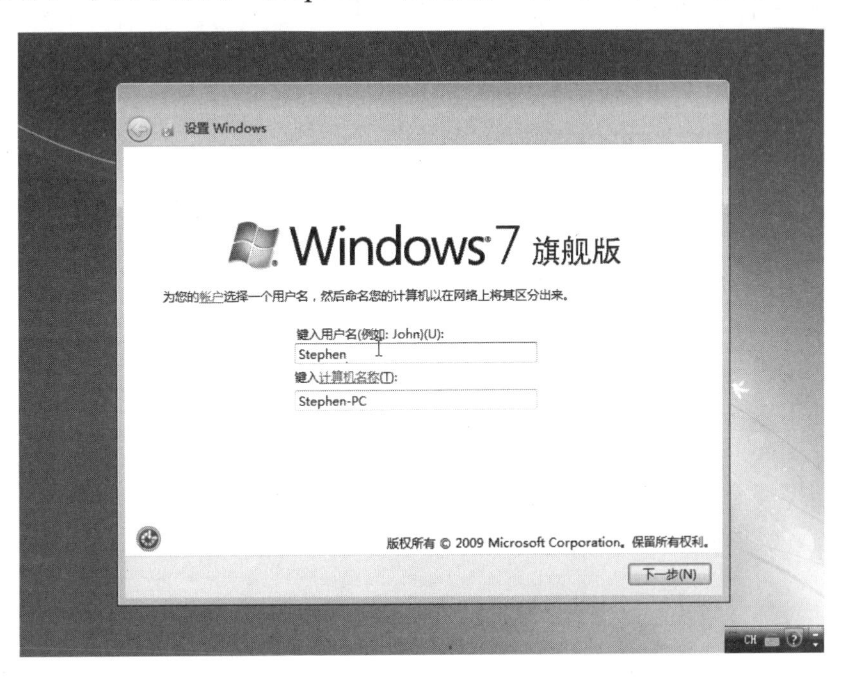

图 4-14　用户信息设置界面

② 单击“下一步”按钮，这时进入“为账户设置密码”窗口，设置密码有助于保护系统安全。按照提示输入方便记忆的用户密码，并确保两次密码完全一致，然后输入密码提示信息，以免日后忘记密码时提示，如图 4-15 所示。

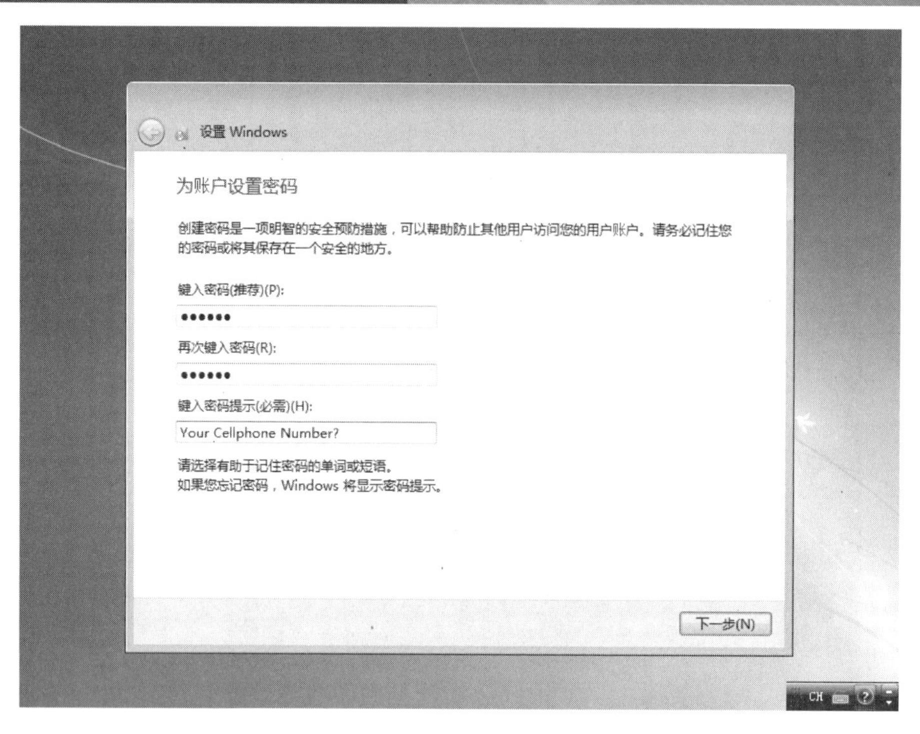

图 4-15　“为账户设置密码”窗口

③ 完成后单击“下一步”按钮，进入“键入您的 Windows 产品密钥”窗口，如图 4-16 所示。在这里填入 Windows 7 系统光盘上的产品序列号，然后单击“下一步”按钮。

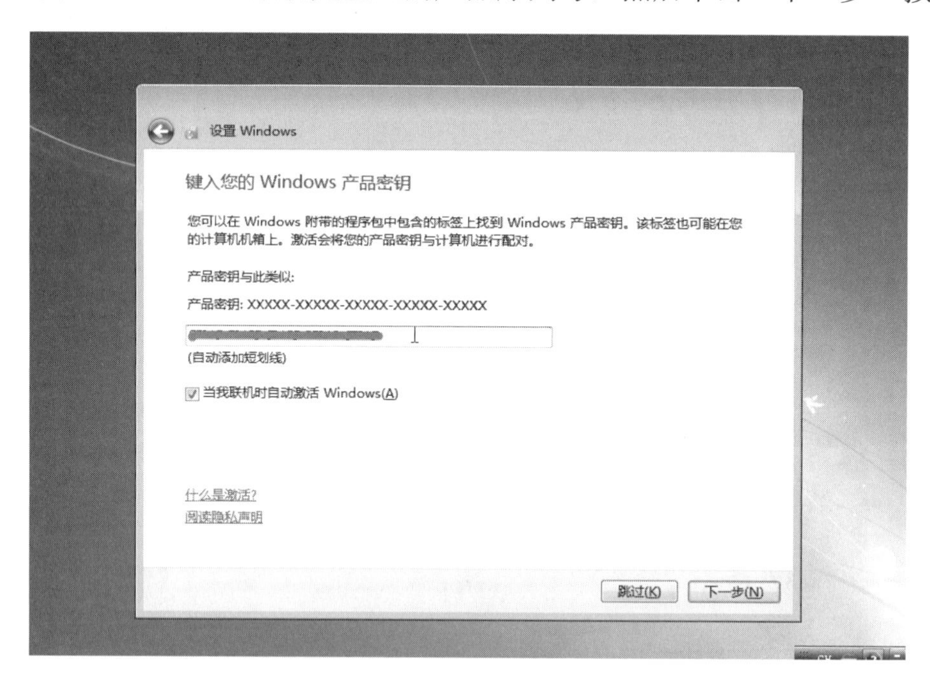

图 4-16　“键入您的 Windows 产品密钥”窗口

④ 接下来选择 Windows 自动更新的方式。自动更新补丁程序能提高 Windows 系统的安全性和稳定性，建议选择“使用推荐设置”选项，如图 4-17 所示。

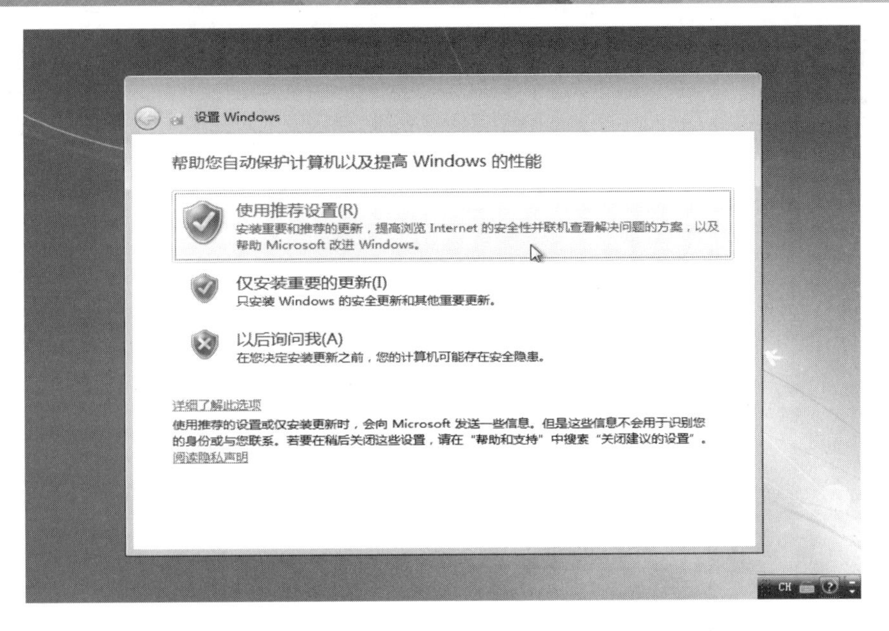

图 4-17　Windows 自动更新方式窗口

⑤ 单击“下一步”按钮，进入“查看时间和日期设置”窗口，“时区”选项中采用默认的北京时区即可，然后校对、调整当前日期和时间，如图 4-18 所示。

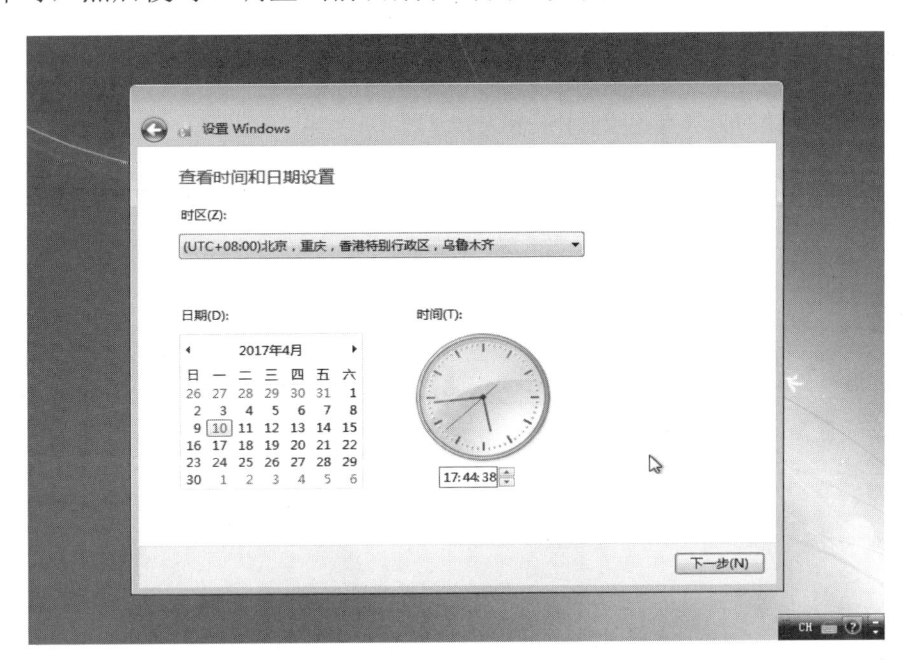

图 4-18　“查看时间和日期设置”窗口

⑥ 设置完成后，单击“下一步”按钮，随后进入“请选择计算机当前的位置”窗口。这里要设定计算机所在的网络环境，Windows 防火墙随即会为之提供不同的默认安全配置。

家庭宽带网络用户可选择“家庭网络”位置，企业或单位局域网用户可选择“工作网络”位置，而处在公共开放网络环境中的计算机则建议选择“公用网络”位置。这里选择“工作网络”位置，如图 4-19 所示。

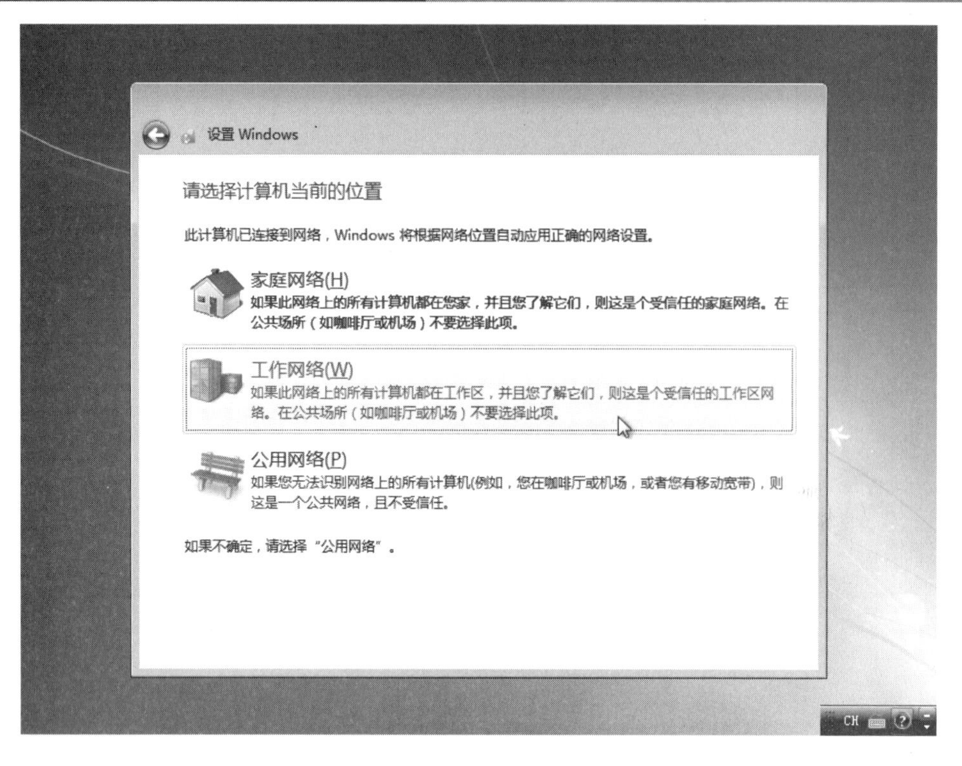

图 4-19　“请选择计算机当前的位置”窗口

⑦ 最后进入 Windows 7 系统桌面，可以看到桌面非常简洁、美观，如图 4-20 所示。至此，Windows 7 系统已经成功安装到计算机中。

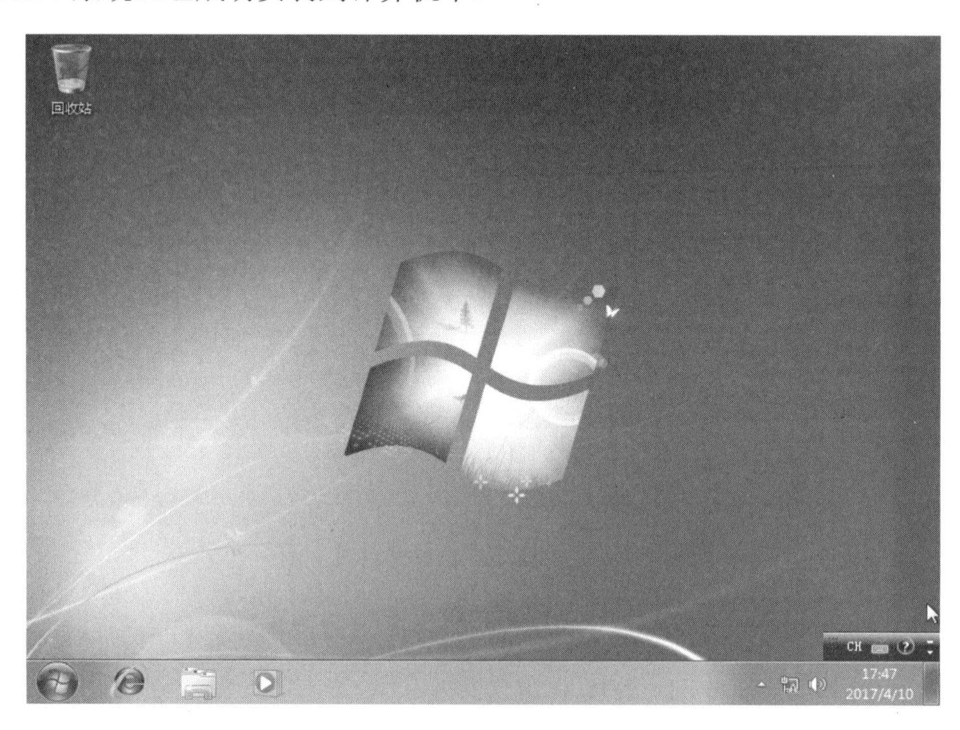

图 4-20　Windows 7 系统桌面

4.2 安装核心设备的驱动程序

设备驱动程序是操作系统与硬件设备的交互接口。连接到计算机中的每一个硬件都必须安装驱动程序，否则将无法正常工作。下面分别介绍主板与独立显卡驱动程序的安装方法。

知识补充

在通常情况下，系统内置的驱动包可自动识别出大部分的硬件设备。如果出现系统故障、系统内部驱动版本过低等问题，则需要单独为硬件安装驱动程序。

4.2.1 安装主板驱动程序

安装主板驱动程序能让系统识别出芯片组型号、相关功能及各类核心部件的配置信息，操作过程如下。

① 将主板驱动光盘放入光驱中，通常光盘会自动运行安装程序，如果没有自动运行，可直接双击驱动光盘图标，或者打开光盘目录，双击 Setup.exe 安装程序。随后弹出主板驱动程序管理界面，以华硕 PRIME B250M-PLUS 主板安装为例，如图 4-21 所示。

图 4-21　主板驱动程序管理界面

② 单击切换到“驱动程序”功能窗口，这里列出了该款主板所附带的各类硬件驱动程序及几个实用小程序，如图 4-22 所示。

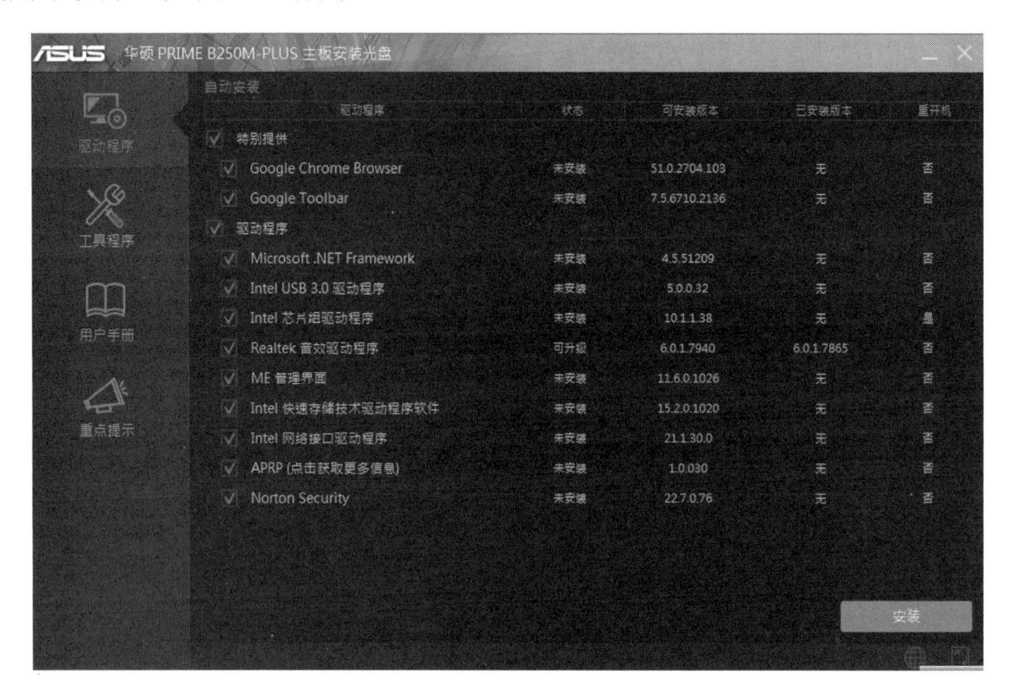

图 4-22 “驱动程序”功能窗口

③ 这里将安装几项核心硬件驱动程序，包括芯片组驱动、板载音效芯片驱动、板载 USB 3.0 驱动、板载网络芯片驱动和 Intel 快速存储驱动程序等。勾选需要安装的功能程序，而将那些不需要安装的程序取消勾选即可，如图 4-23 所示。

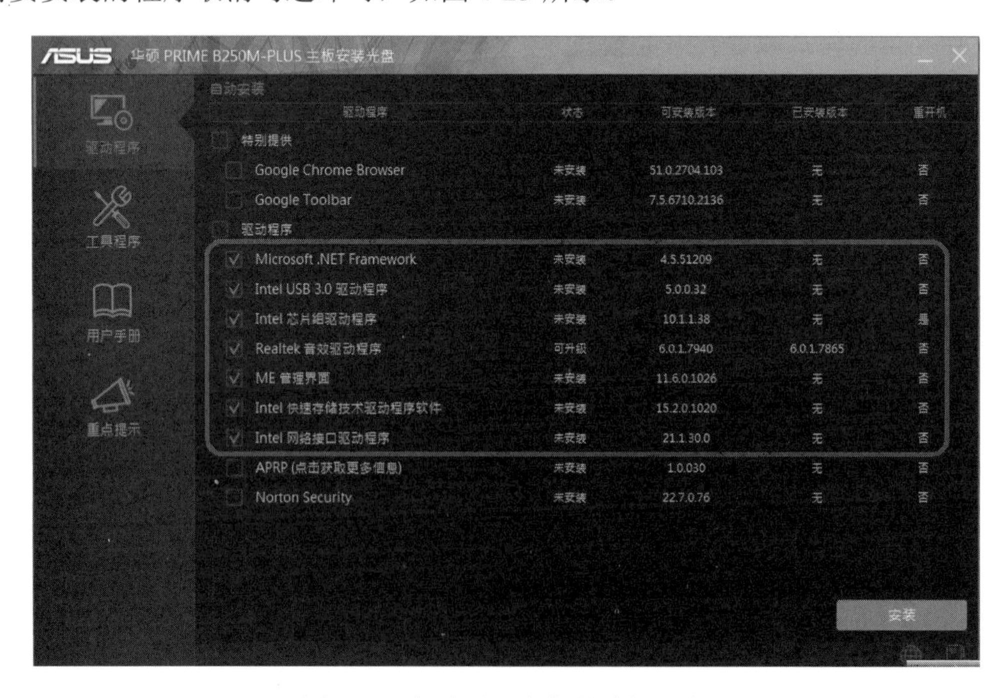

图 4-23 勾选需要安装的功能程序

④ 选择所需程序后，单击“安装”按钮，弹出安装确认的“信息”对话框，提醒用户驱动程序安装过程中将会重启计算机，如图 4-24 所示。

图 4-24　安装确认的“信息”对话框

⑤ 单击“是”按钮，系统将自动执行驱动程序的安装命令，安装进程提示如图 4-25 所示。

图 4-25　驱动程序的安装进程

⑥ 随后系统会弹出安装完成的“信息”对话框，询问用户是否立即重新启动计算机，如图 4-26 所示。

图 4-26　安装完成的“信息”对话框

⑦ 单击“是”按钮，计算机将再次重启，至此主板驱动程序已完成安装。

4.2.2　安装显卡驱动程序

独立显卡由于内置了一系列的驱动程序和辅助软件，往往需要单独安装驱动程序。下面以七彩虹 GeForce GTX 750 显卡为例进行介绍。

① 将显卡驱动光盘放入光驱，双击光盘目录下的 Autorun.exe 程序，启动显卡驱动程序管理界面，如图 4-27 所示。可以看到，该款显卡提供了核心驱动程序和 iGameZone 游戏扩展支持程序两大功能。

② 单击“安装显卡驱动”按钮，弹出解压驱动文件选择对话框，用户可选择显卡驱动文件解压的路径，如图 4-28 所示。

图 4-27　显卡驱动程序管理界面

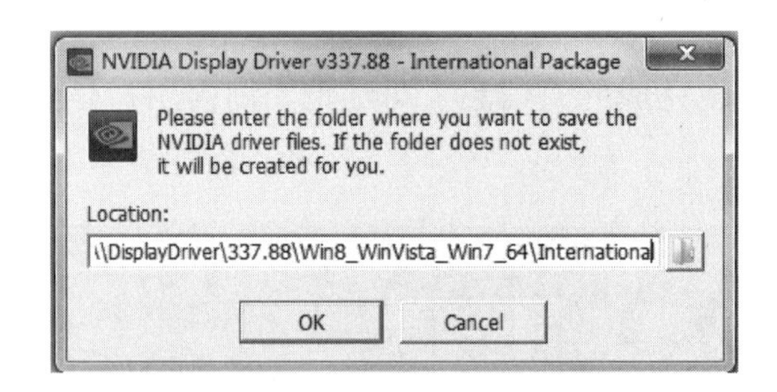

图 4-28　解压驱动文件选择对话框

③ 单击“OK”按钮，系统随后将显卡驱动程序的源文件解压出来。解压完成后弹出“检查系统兼容性”对话框，首先检查显卡驱动文件与 Windows 系统的兼容能力，如图 4-29 所示。

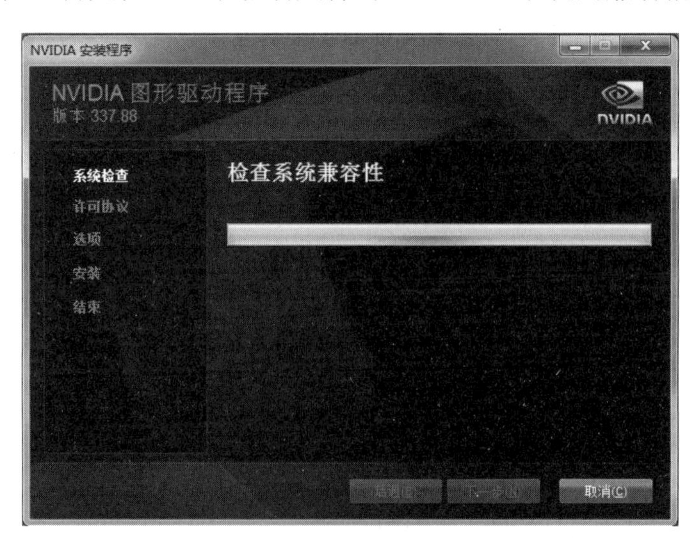

图 4-29　“检查系统兼容性”对话框

④ 驱动程序兼容性检查完成后，弹出“NVIDIA 软件许可协议”对话框，如图 4-30 所示。

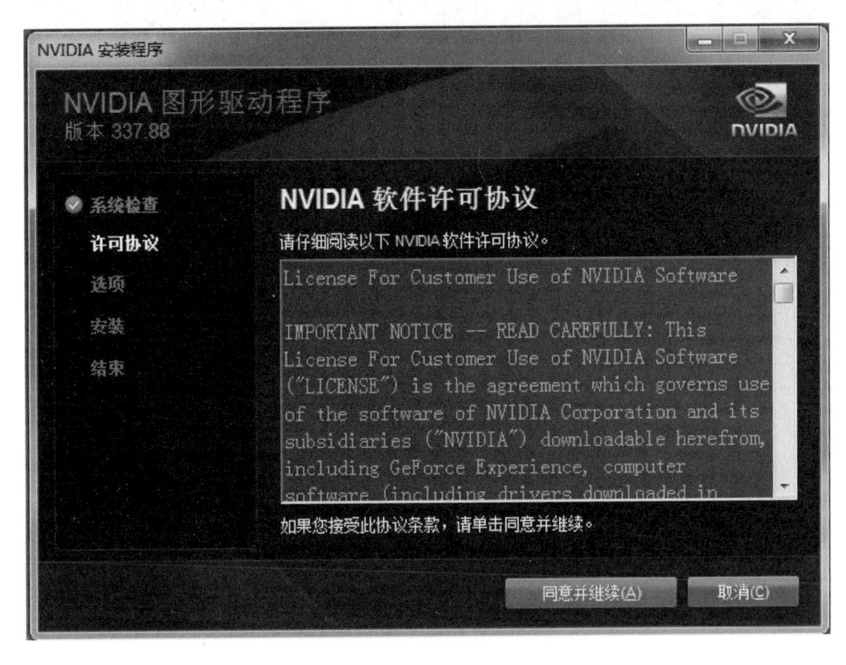

图 4-30 “NVIDIA 软件许可协议”对话框

⑤ 单击“同意并继续”按钮，随后弹出“安装选项”对话框，在这里可以选择“精简”和“自定义”两种安装模式，在一般情况下直接采用默认的“精简”安装模式即可，如图 4-31 所示。

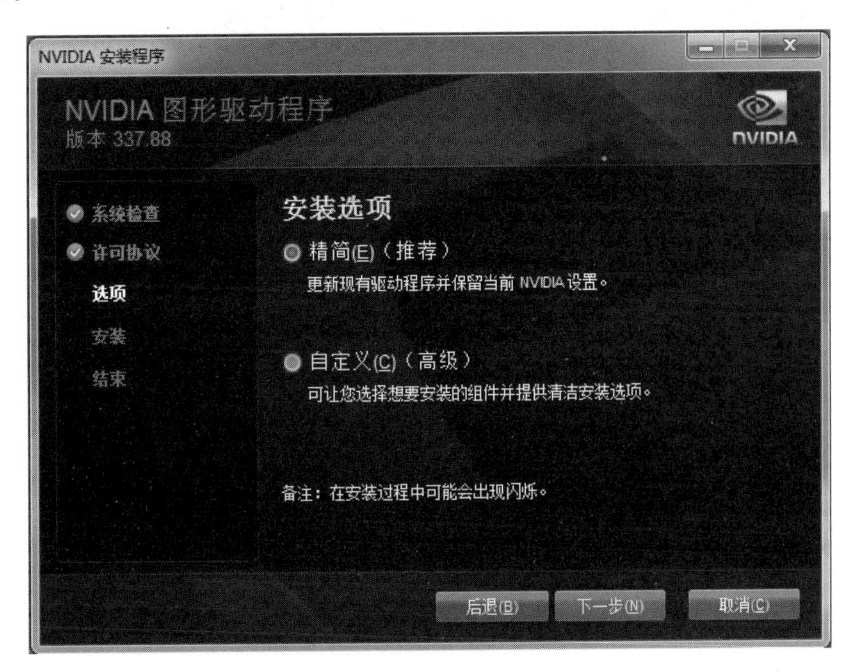

图 4-31 “安装选项”对话框

⑥ 单击“下一步”按钮，安装向导开始自动执行显卡驱动安装，进程提示如图 4-32 所示。

图 4-32　显卡驱动安装进程提示界面

⑦ 驱动程序安装结束后，弹出“NVIDIA 安装程序已完成”对话框，如图 4-33 所示。单击“马上重新启动”按钮，计算机重启后就能正常使用显卡了。

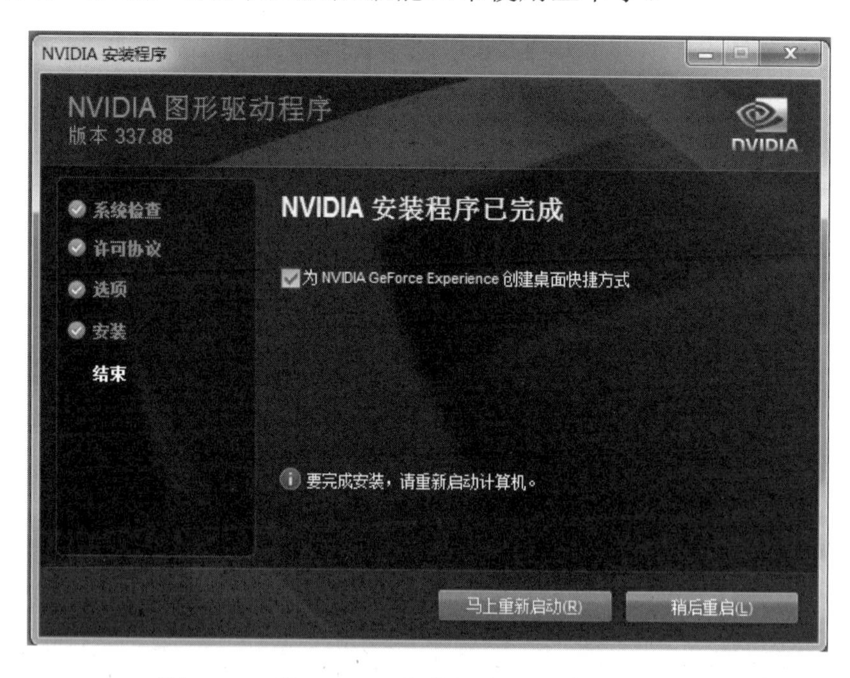

图 4-33　“NVIDIA 安装程序已完成”对话框

4.2.3　使用第三方工具更新驱动程序

第三方驱动管理软件能在线检测、安装或更新硬件驱动程序，大大方便了驱动程序的安装操作。常见的驱动管理软件有驱动精灵、驱动人生、360 驱动大师等，下面简述使用驱动精灵来升级主板驱动程序的方法。

① 登录驱动精灵官网，下载最新版本软件（这里采用 V9.5 标准版），安装完成后进入驱动精灵主界面，如图 4-34 所示。

图 4-34 驱动精灵主界面

② 单击“立即检测”按钮，驱动精灵开始扫描计算机中的硬件设备，并单独列出版本过旧、建议更新升级的硬件驱动，如图 4-35 所示。

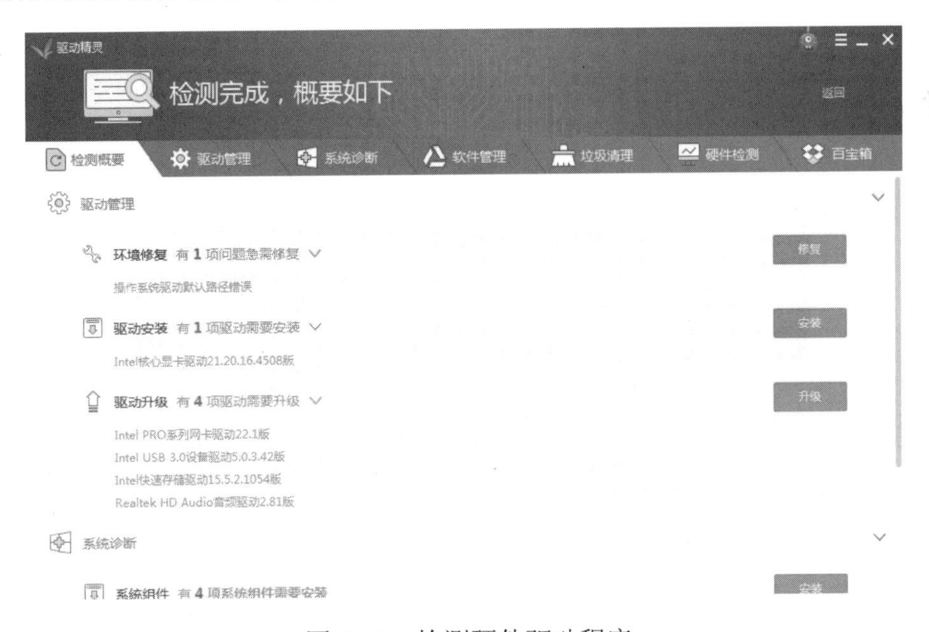

图 4-35 检测硬件驱动程序

③ 用户可根据需要选择“安装”或者“升级”操作。这里先更新主板集成显卡（Intel 核心显卡）的一个重要驱动版本，如图 4-36 所示。

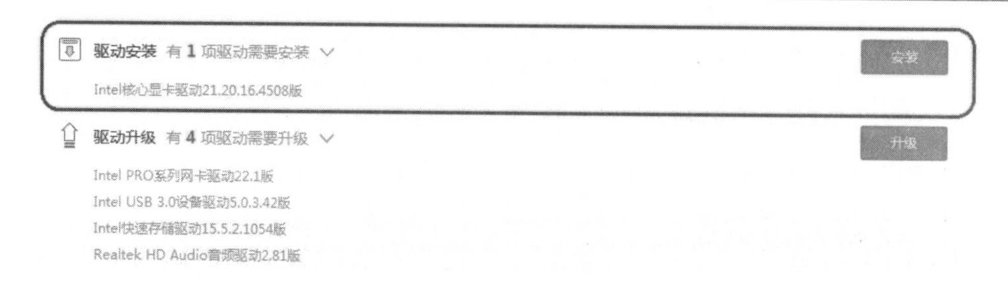

图 4-36　更新核心显卡驱动程序

④ 核心显卡驱动下载后开始自动安装，如图 4-37 所示，其间需要单击几次“下一步”按钮。当安装完成后，程序会询问是否需要立即启动计算机，如图 4-38 所示。单击“完成”按钮，计算机重新启动，完成主板集成显卡驱动的安装。

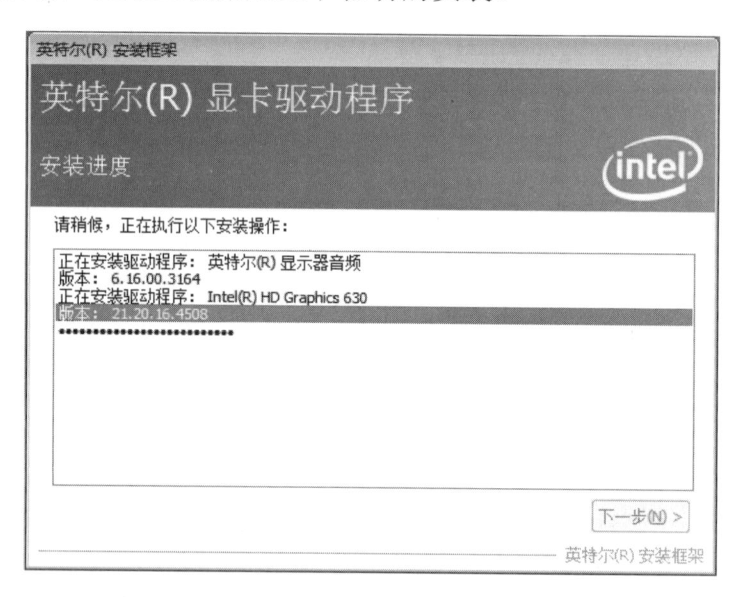

图 4-37　显卡驱动安装进程提示界面

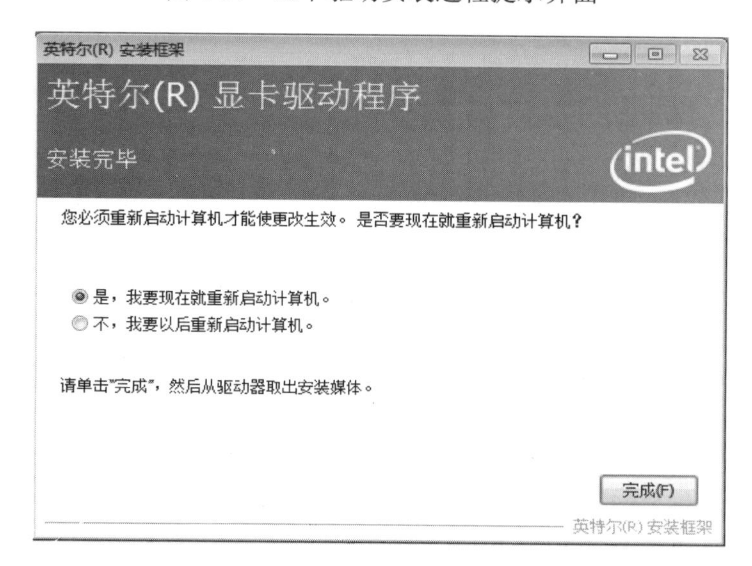

图 4-38　“安装完毕”对话框

⑤ 再次打开驱动精灵软件界面，切换到“驱动管理”选项卡，勾选“Intel USB 3.0 设备驱动”与“Realtek HD Audio 音频驱动”选项，再单击窗口右上角的“一键安装”按钮，将 USB 接口与板载声卡驱动程序升级至最新版本，如图 4-39 所示。

图 4-39 一键升级硬件驱动程序

⑥ 单击“立即启动计算机”按钮，至此相关硬件的驱动程序已安装完成。

4.3 安装与卸载应用软件

计算机各类软件的安装和卸载原理大致相同，用户只需掌握其中一两种软件的操作方法，其他应用软件便可以触类旁通了。下面介绍微软 Office 办公软件的安装与卸载过程。

1. 安装微软 Office 办公软件

Microsoft Office 是微软旗下的专业办公应用软件，其主流版本包括 Office 2010/2013/2016 等，这里选取 Office 2013 专业版（64 位）软件作为安装示例，具体操作如下。

① 将 Office 2013 软件光盘放入光驱中，单击自动弹出的安装图标，或者打开光盘后双击运行 Setup.exe 安装程序，弹出如图 4-40 所示的安装准备界面。

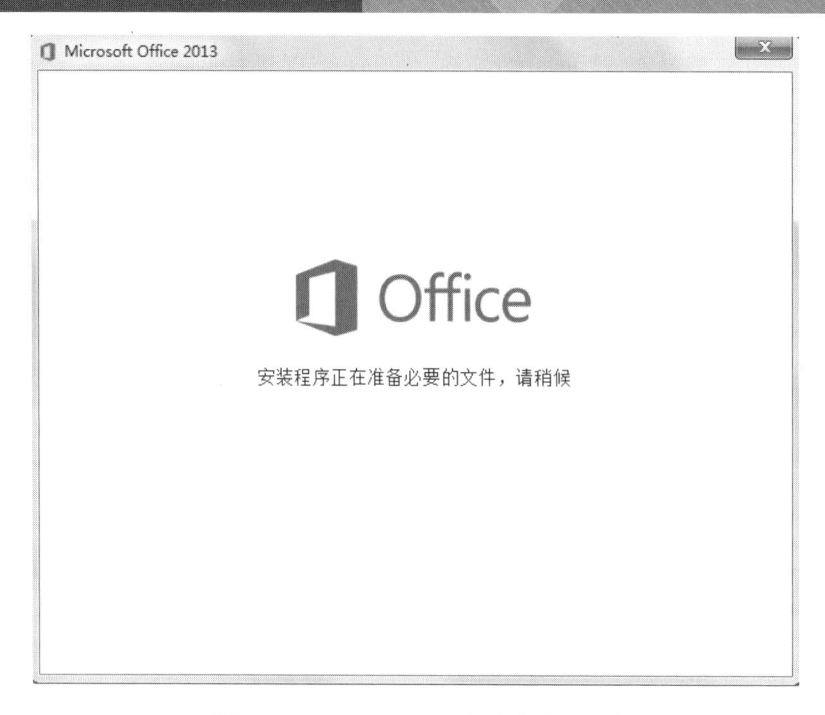

图 4-40　Office 2013 安装准备界面

② 随后进入产品密钥输入窗口，输入密钥（序列号）之后单击“继续”按钮，这时弹出“阅读 Microsoft 软件许可证条款”窗口，这里要勾选“我接受此协议的条款”复选框，如图 4-41 所示。

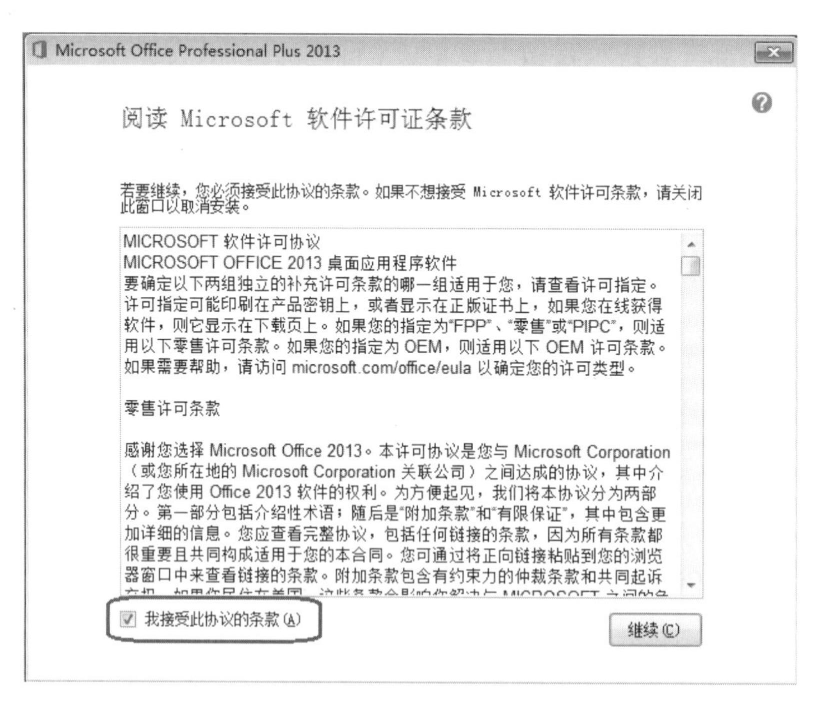

图 4-41　“阅读 Microsoft 软件许可证条款”窗口

③ 单击“继续”按钮，进入如图 4-42 所示的“选择所需的安装”窗口。

若选择“立即安装”，安装程序将把 Office 2013 的全部程序和功能组件安装至系统分区中；若用户要编辑具体的安装选项，可单击“自定义”按钮，随后将进入安装选项编辑界面，如图 4-43 所示。

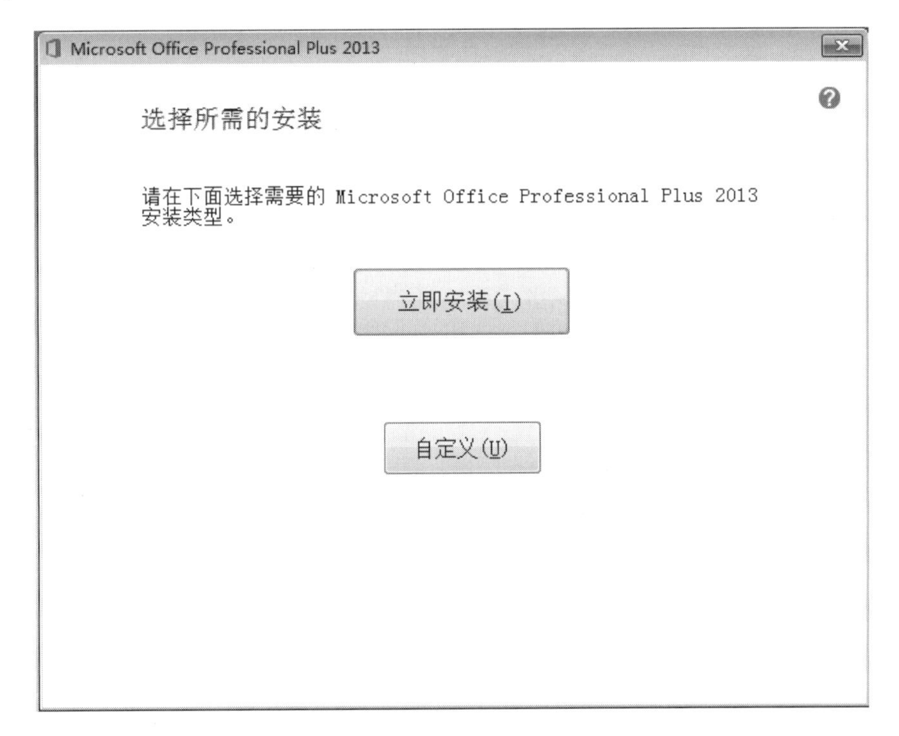

图 4-42 “选择所需的安装”窗口

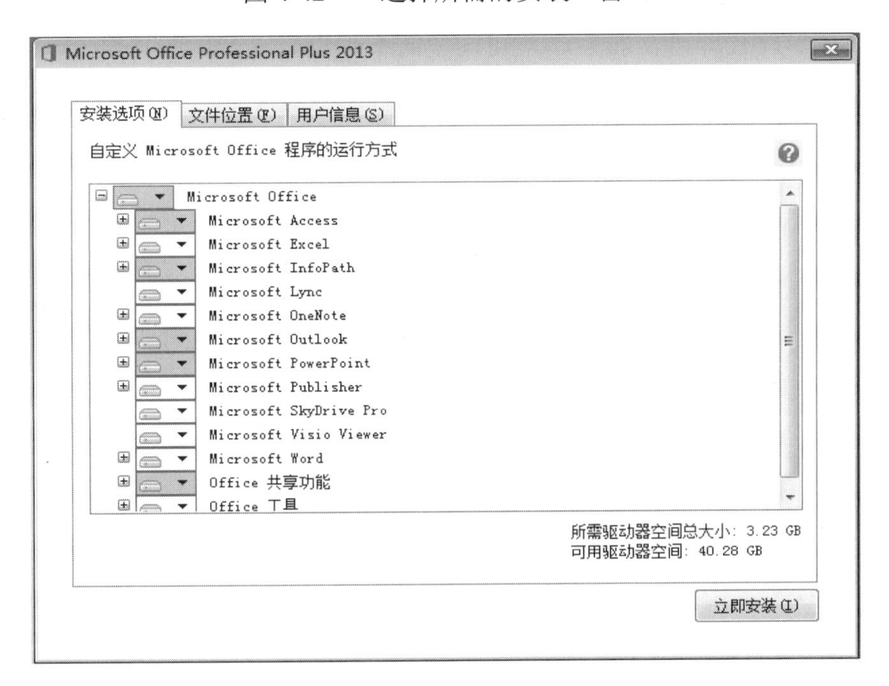

图 4-43 安装选项编辑界面

④ 在这个编辑界面中，用户可选择安装所需的程序。对于不需要安装的程序，可单击该程序前面的小按钮，在弹出的下拉菜单中选择“不可用”取消安装，如图 4-44 所示。

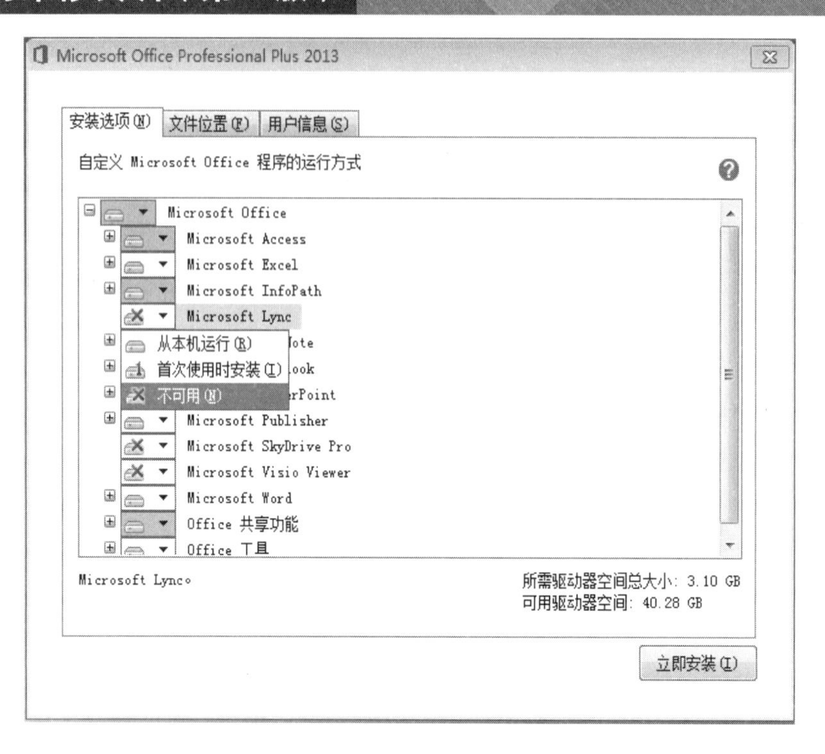

图 4-44　“不可用”设置菜单

切换到“文件位置”选项卡，“选择文件位置”一栏采用默认的“C:\Program Files(x86)\Microsoft Office”安装路径即可，如果 C 盘可用空间不足也可以安装在其他分区中，如图 4-45 所示。另外，在“用户信息”选项卡中可输入用户与所在组织的名称，以便于软件识别。

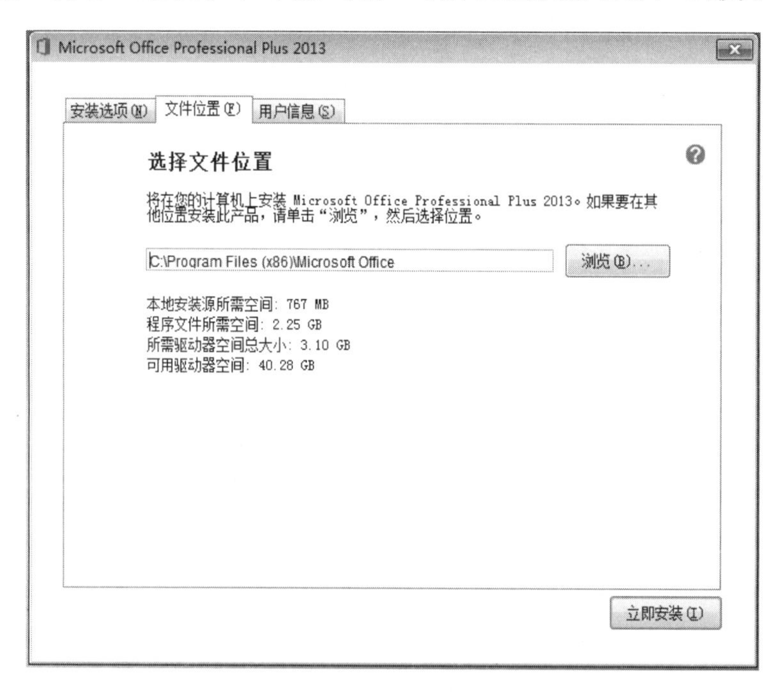

图 4-45　“选择文件位置”的设置

⑤ 设置完成后，单击“立即安装”按钮，安装程序开始执行安装进程，随后提示 Office 2013 软件已安装完成，单击“关闭”按钮即可，如图 4-46 所示。

图 4-46　Office 2013 软件安装完成

2. 卸载微软 Office 办公软件

如果要删除一款应用软件，不能直接删掉其安装文件，而应该采用卸载功能来删除其全部程序文件。对微软 Office 2013 软件的卸载过程简述如下。

① 依次单击“开始”→“控制面板”→“程序”→“卸载程序”选项，弹出如图 4-47 所示的“卸载或更改程序”窗口，这里列出了计算机中已安装的各种应用软件和功能组件。

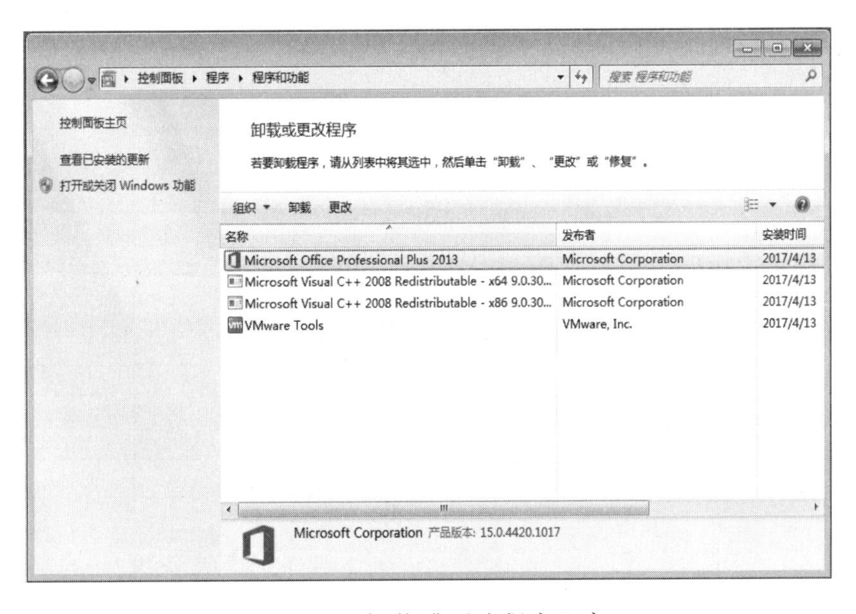

图 4-47　“卸载或更改程序”窗口

② 找到要卸载的应用软件，这里是 Office 2013 办公软件的全称“Microsoft Office Professional Plus 2013”，右击该软件名称，再单击“卸载”选项，如图 4-48 所示。

③ 随后会弹出程序卸载确认对话框，询问用户是否确定要删除所选中的应用软件，如图 4-49 所示。单击“是”按钮，Office 2013 办公软件将自动执行卸载操作。

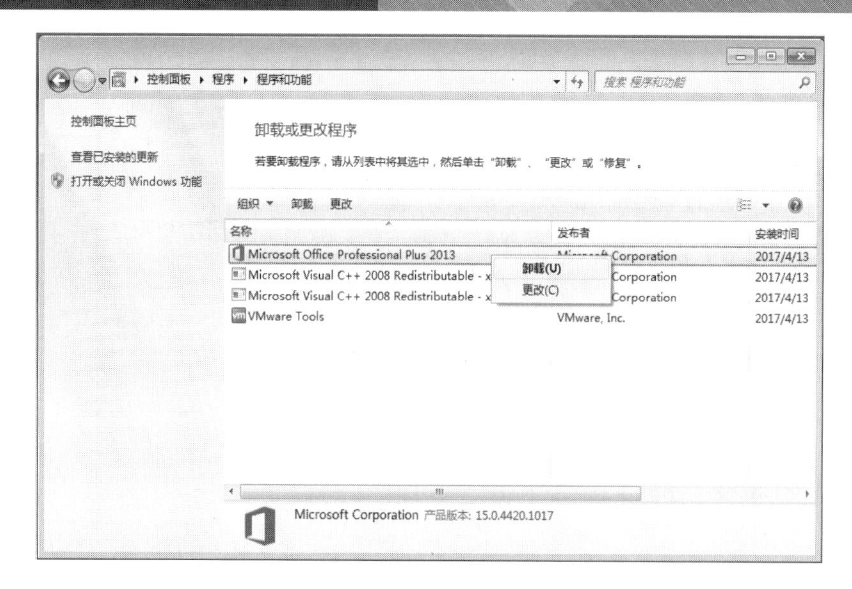

图 4-48　卸载 Office 2013 办公软件

图 4-49　程序卸载确认对话框

④ 在 Office 2013 软件卸载完成后，弹出“程序卸载成功”对话框，单击“关闭”按钮即可退出卸载程序，如图 4-50 所示。

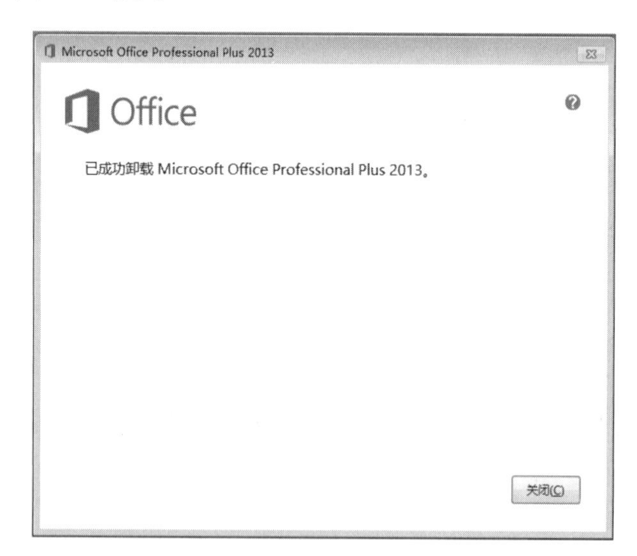

图 4-50　“程序卸载成功”对话框

知识补充

软件的卸载其实是一种逆向的反安装过程，不仅能删除软件的安装文件、在系统中开启的服务和进程，也能清除该款软件的注册表信息和相关配置数据。

4.4 安装 Windows 10 系统

Windows 10 系统是微软新一代通用计算平台，能广泛运行在计算机、智能设备、物联网（IoT）设备和工业级仪器中，实现设备间的无缝连接操作。此外，Windows 10 在运行性能方面也进行了诸多改进，大大提升了用户的操作体验。

4.4.1 Windows 10 系统的版本类型

根据消费群体的属性，微软将 Windows 10 系统简化成 7 种不同的版本，即家庭版、专业版、企业版、教育版、移动版、移动企业版和物联网核心版，分别面向个人消费用户、中小型商业用户、大型企业用户、教育行业用户、小型移动设备用户、大型企业移动设备用户及物联网行业用户推出。

这其中，家庭版、专业版、企业版和教育版为四大主要版本，它们在核心功能上是完全一致的，但在商业特性方面存在较大差异。家庭版的商业功能最少，专业版侧重于均衡性搭配，而企业版和教育版则具备较为全面的商业功能。

表 4-1 列举了 Windows 10 各个版本的适用环境和功能特性。

表 4-1　Windows 10 各个版本的适用环境和功能特性

版 本 名 称	适用人群/环境	功 能 特 性
Windows 10 家庭版（Windows 10 Home）	面向家庭用户和个人消费者	包含各种常用功能，如全新的开始菜单、智能语音助手 Cortana、Edge 浏览器、Continuum 平板模式、Xbox One 游戏串流、Windows Hello 生物识别系统及其他所有内置应用，可满足一般个人用户的使用需要
Windows 10 专业版（Windows 10 Professional）	面向中小型商业用户与计算机爱好者	包含所有家庭版功能，并加入了域管理、组策略、Azure 活动目录、BitLocker 全卷加密、Hyper-V 客户端虚拟化和企业数据保护等针对商业用户所推出的功能，兼顾多媒体娱乐、家庭分享、在线互动及商务应用等多方面的需要
Windows 10 企业版（Windows 10 Enterprise）	面向大型企业用户和商务人士	在专业版所有商务功能的基础上，增加了专为大型企业设计的高级功能和安全保护机制，包括 Direct Access、AppLocker、Granular UX Control 等，拥有更高的安全性和可操控性。这个版本只提供给批量授权许可用户（VOL 渠道），不支持零售购买或个人免费升级

续表

版 本 名 称	适用人群/环境	功 能 特 性
Windows 10 教育版（Windows 10 Education）	面向高等院校、大型学术机构和教育管理部门	教育版划分了员工、管理者、教师和学生四种用户角色，并赋予不同的系统管理权限，使得用户日常事务的处理更加高效。该版本也通过批量许可的方式进行授权，并针对使用 Windows 10 家庭版和专业版的学校提供专门的升级渠道
Windows 10 移动版（Windows 10 Mobile）	面向小型移动设备，包括 Windows 平板电脑和 Surface Phone 智能手机	移动版针对屏幕尺寸小于 8 英寸的移动设备而设计，支持通用应用程序，如 Windows 10 触屏版 Office 软件。此外，移动版还支持将智能手机或平板电脑连接到显示器，向用户呈现 Continuum 界面，并运行通用应用软件
Windows 10 移动企业版（Windows 10 Mobile Enterprise）	面向大型企业中持有便携式/移动型设备的商业用户	移动企业版可满足大中型企业对内部大批量部署 Windows 10 移动设备的管理需求，并增加了新的安全管理选项，防止企业客户的数据外泄，并允许用户控制系统更新过程。该版本采用与企业版类似的批量授权许可（VOL）模式
Windows 10 物联网核心版（Windows 10 IoT Core）	面向物联网行业和工业型设备	该版本主要用于嵌入式物联网系统和智能制造行业，可在低功耗设备上运行，包括手持式扫描仪、零售 POS 终端、ATM、工业机器人和智能型嵌入式设备等，并对相关数据进行采集和分析

4.4.2 使用光盘安装 Windows 10 系统

Windows 10 系统的安装流程、配置方法与 Windows 7 基本相似，不过更加侧重用户个性化设置。下面以 Windows 10 专业版（64 位）系统为例，简述使用光盘来安装 Windows 10 的操作过程。

① 将 Windows 10 专业版系统光盘放入光驱，并重新启动计算机，随后开启安装进程，弹出 Windows 10 启动界面，如图 4-51 所示。

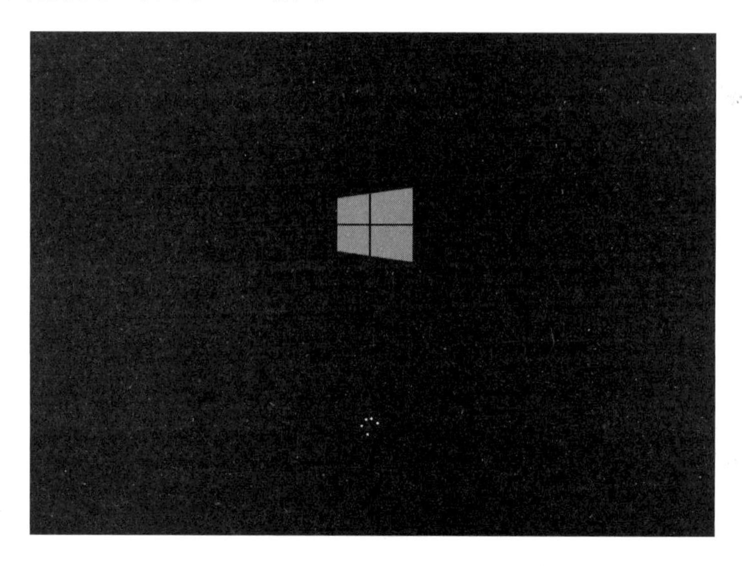

图 4-51 Windows 10 启动界面

② 在正式安装之前，用户首先要设置系统语言、时间和货币格式、输入方法，一般使用默认设置即可，如图 4-52 所示。

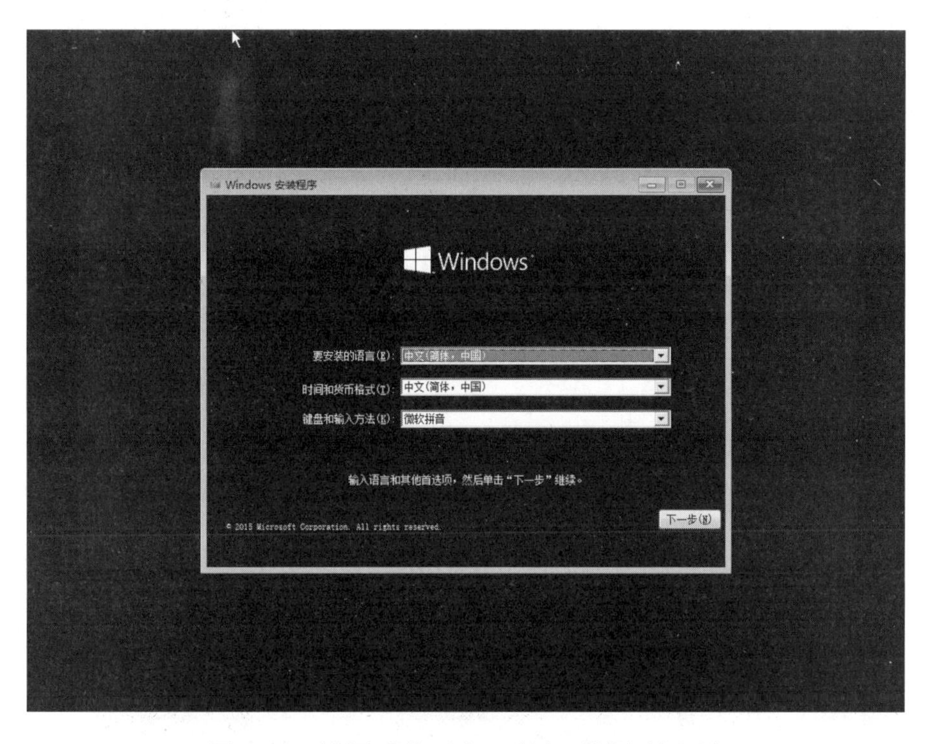

图 4-52　设置系统语言、所在区域和输入法

③ 单击“下一步”按钮，系统会弹出一个安装确认窗口，单击“现在安装”按钮即可，如图 4-53 所示。

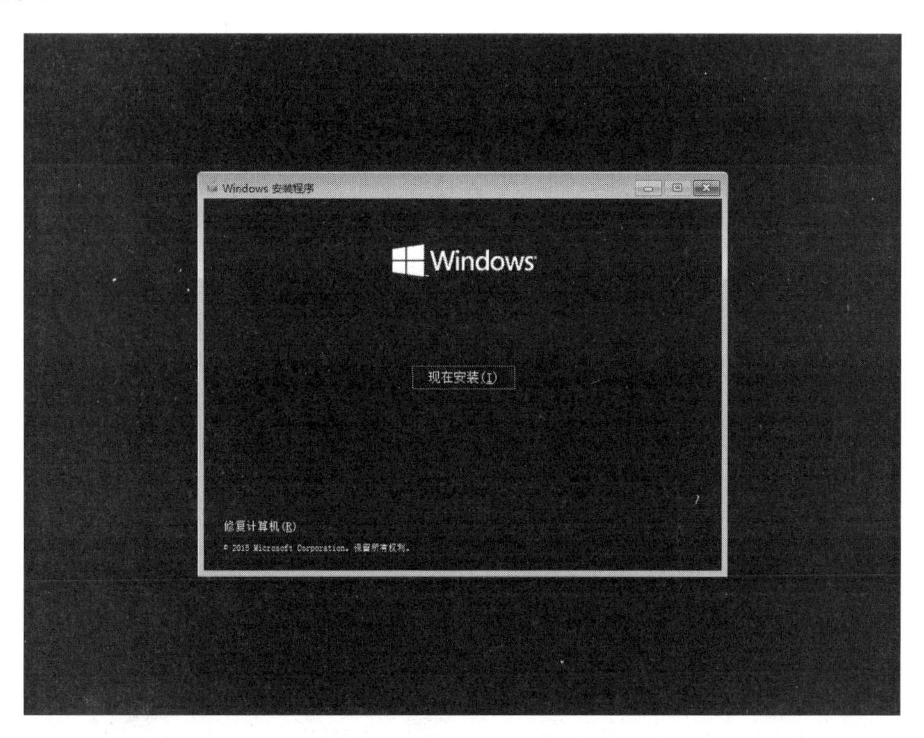

图 4-53　安装确认窗口

④ 随后会弹出“输入产品密钥以激活 Windows”窗口，如图 4-54 所示。用户需填入 Windows 10 的产品序列号，也可以直接单击“跳过”按钮，待系统完成文件复制后再输入产品密钥。

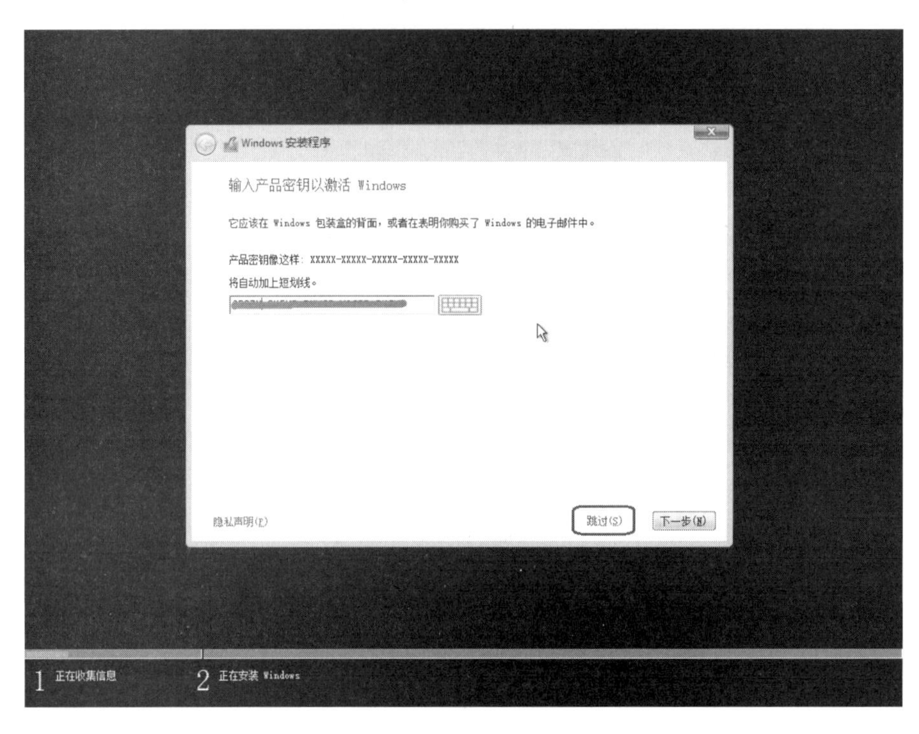

图 4-54 “输入产品密钥以激活 Windows”窗口

⑤ 单击“下一步”按钮，弹出“选择要安装的操作系统”窗口，用户需选择一个合适的系统版本进行安装。这里选择第一项“Windows 10 专业版”，如图 4-55 示。

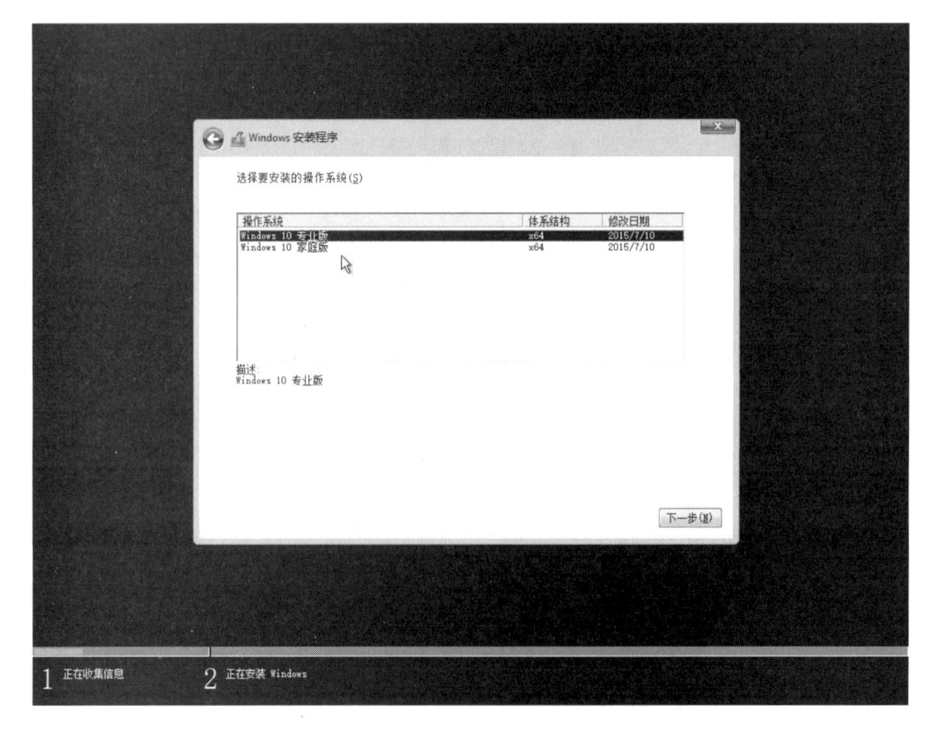

图 4-55 “选择要安装的操作系统”窗口

⑥ 单击“下一步”按钮，在弹出的“许可条款”窗口中勾选“我接受许可条款”复选框后，单击“下一步”按钮继续安装，如图 4-56 所示。

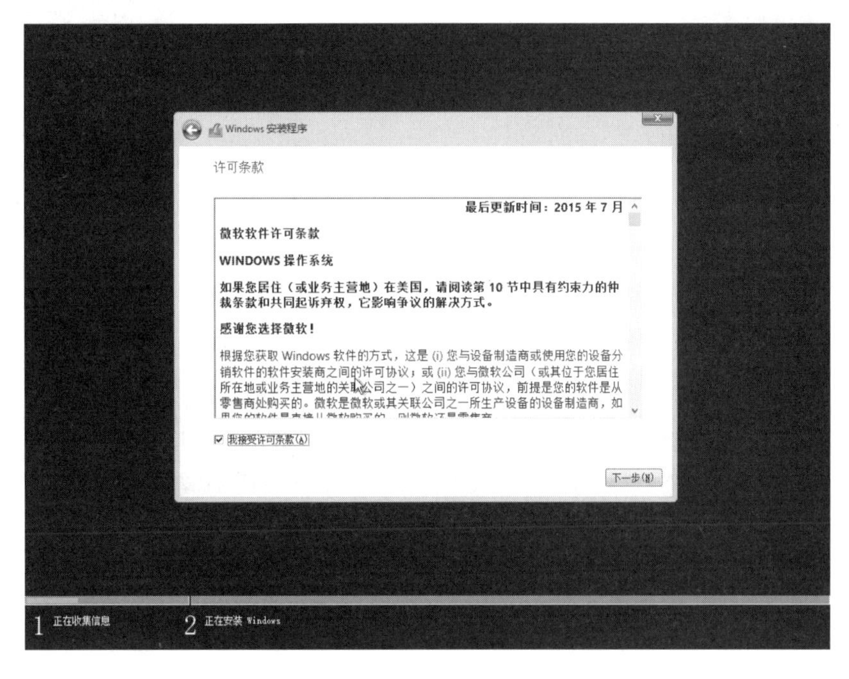

图 4-56　“许可条款”窗口

⑦ 这时弹出“你想执行哪种类型的安装？”窗口，由于本例采用纯净安装，因此选择“自定义：仅安装 Windows（高级）”方式，如图 4-57 所示。

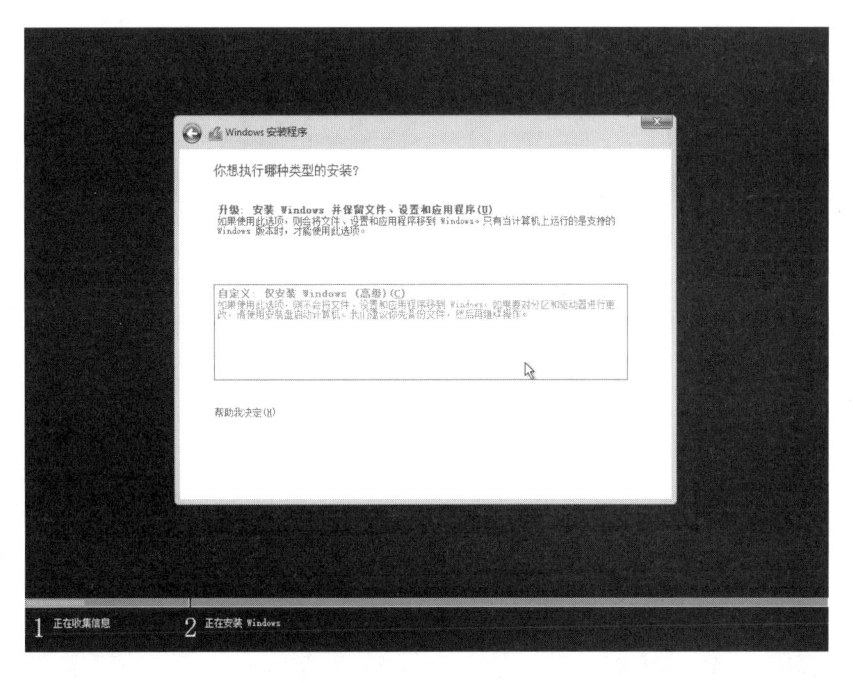

图 4-57　“你想执行哪种类型的安装？”窗口

⑧ 随后弹出“你想将 Windows 安装在哪里？”窗口，用户要指定 Windows 10 系统的安装位置，这里选择“驱动器 0 分区 2”为系统分区，如图 4-58 所示。

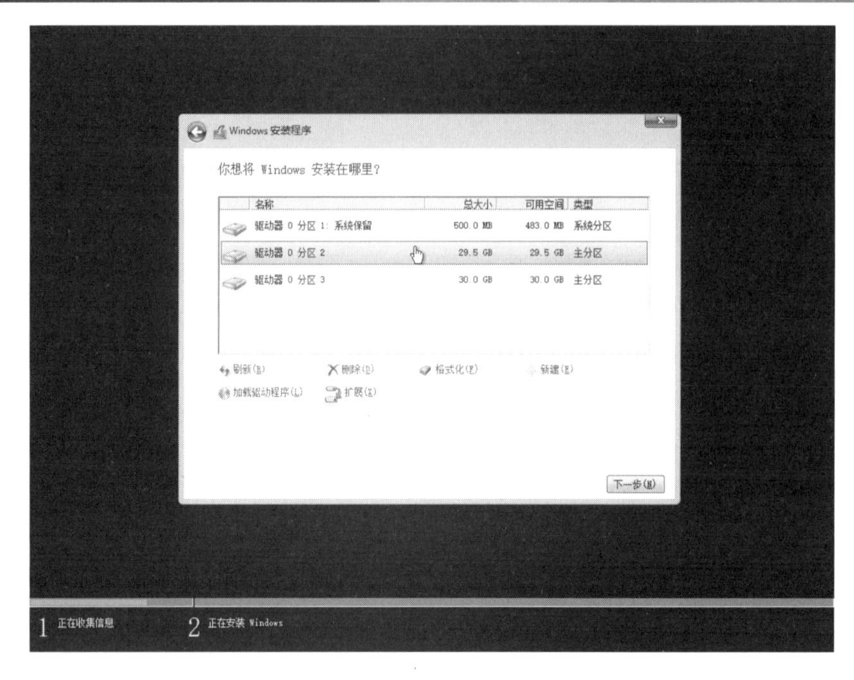

图 4-58 “你想将 Windows 安装在哪里？”窗口

知识补充

如果计算机中已安装有 Windows 系统，用户要把 Windows 10 作为双系统来安装，那么应选择安装在除了当前系统分区以外的其他分区，比如 E 盘、F 盘等。

⑨ 单击“下一步”按钮，弹出“正在安装 Windows”窗口，Windows 10 开始执行安装进程，如图 4-59 所示。在此期间，计算机至少要重启两次。

图 4-59 “正在安装 Windows”窗口

⑩ 等待一段时间后，安装程序进入用户配置阶段。首先出现的是“快速上手”窗口，

用户可以单击左下角的“自定义设置”，根据自己的喜好或者使用习惯来逐项设置，如图 4-60 所示。

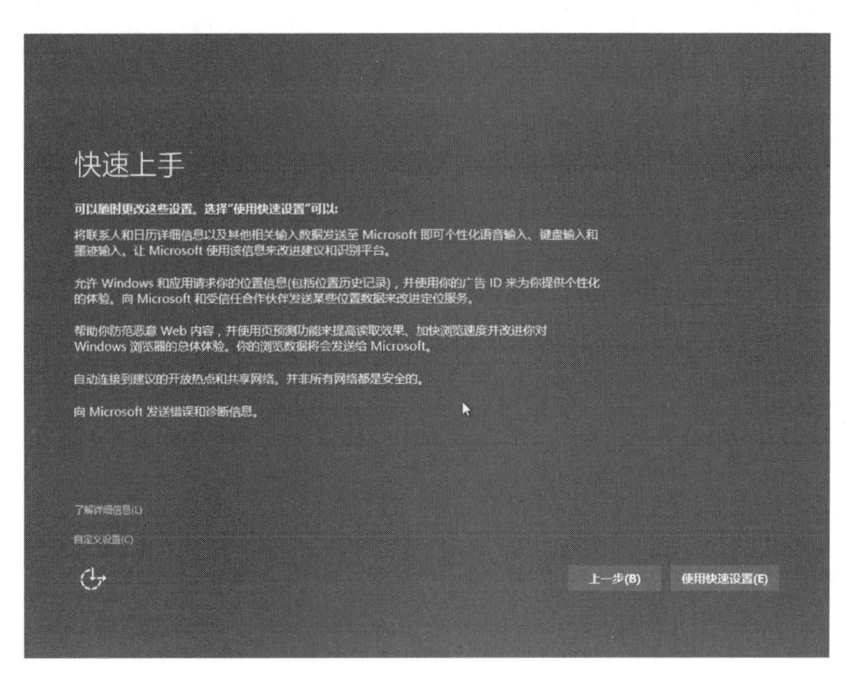

图 4-60 “快速上手”窗口

⑪ 单击“自定义设置”选项，其中包含了“个性化”和“位置”两类默认开启的功能，如图 4-61 所示。若不需要使用某项功能，可以单击该项功能下方的开关按钮，关闭此项功能即可。这里保持开启状态，然后单击“下一步”按钮。

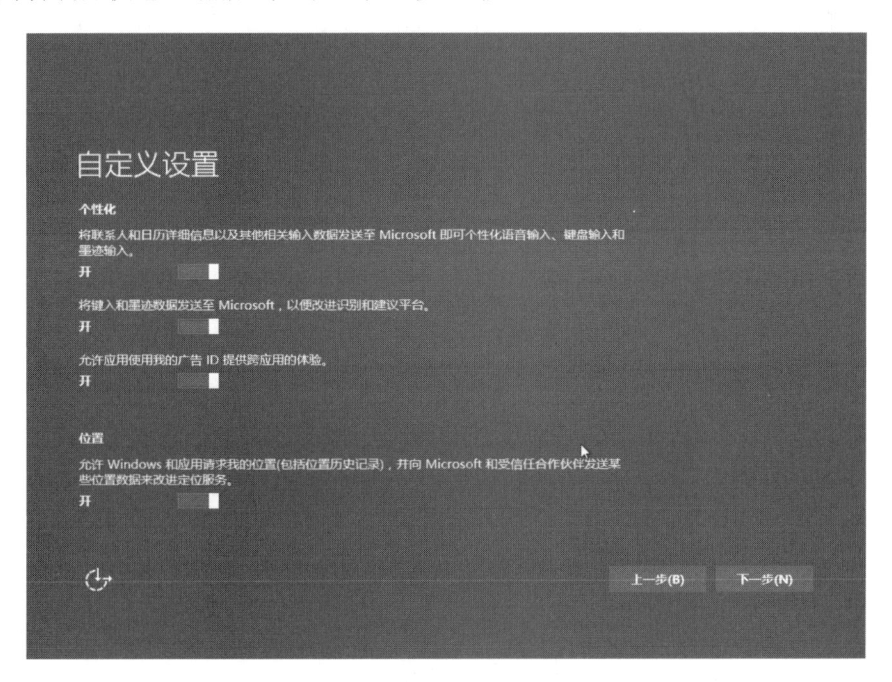

图 4-61 “自定义设置”窗口（前两项内容）

⑫ 随后显示“自定义设置”的另外两类功能：“浏览器和保护”“连接性和错误报告”，

如图 4-62 所示。这些功能建议保持开启状态，然后单击“下一步”按钮。

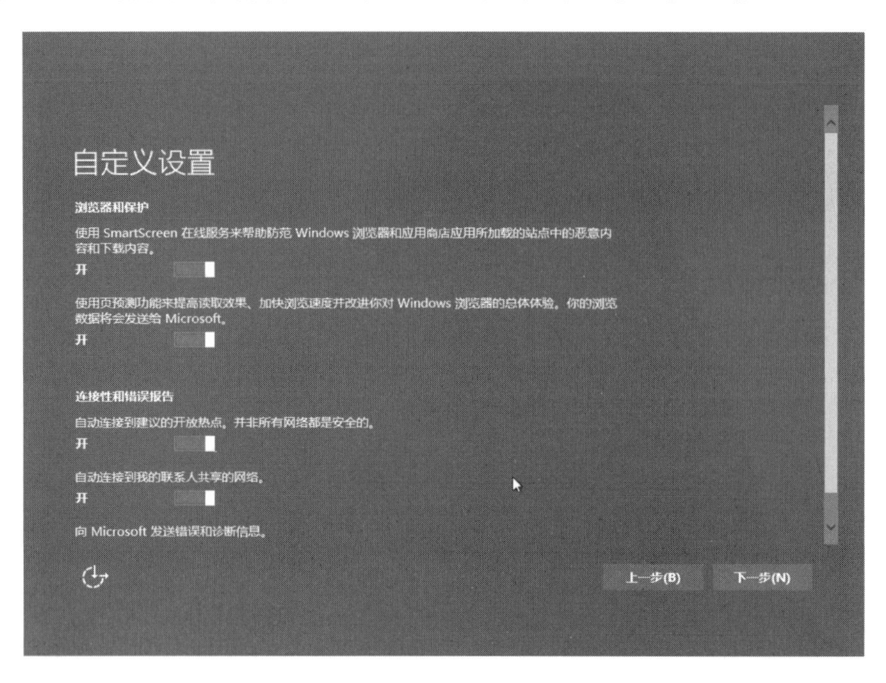

图 4-62　“自定义设置”窗口（后两项内容）

⑬ 稍等片刻之后，出现“谁是这台电脑的所有者？”窗口，如图 4-63 所示，这里要选择本台计算机的所有者。由于本例中的计算机处在单位网络，这里选择“我的组织”。

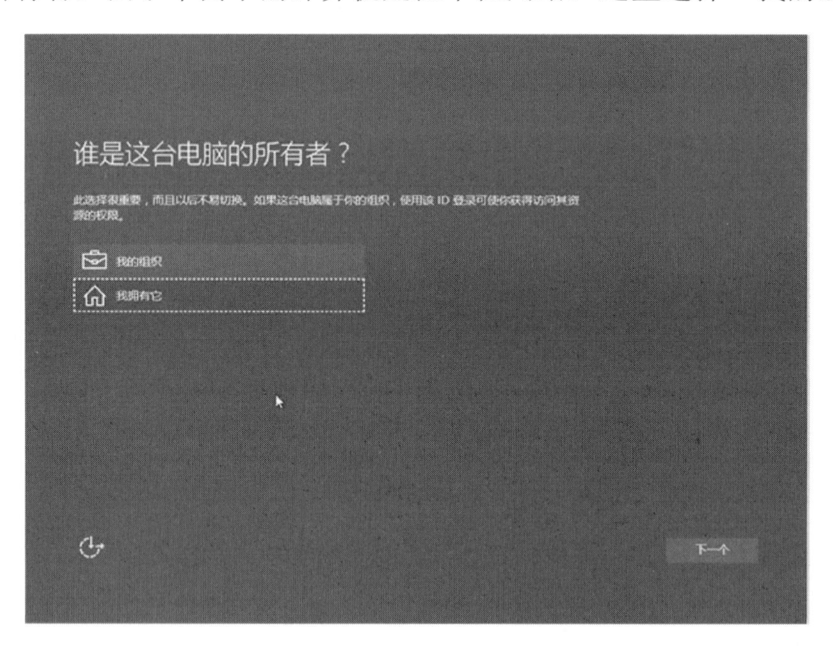

图 4-63　“谁是这台电脑的所有者？”窗口

⑭ 单击“下一步”按钮，接下来出现“个性化设置”窗口，这里要输入微软账户来登录 Windows 10 系统，如图 4-64 所示。

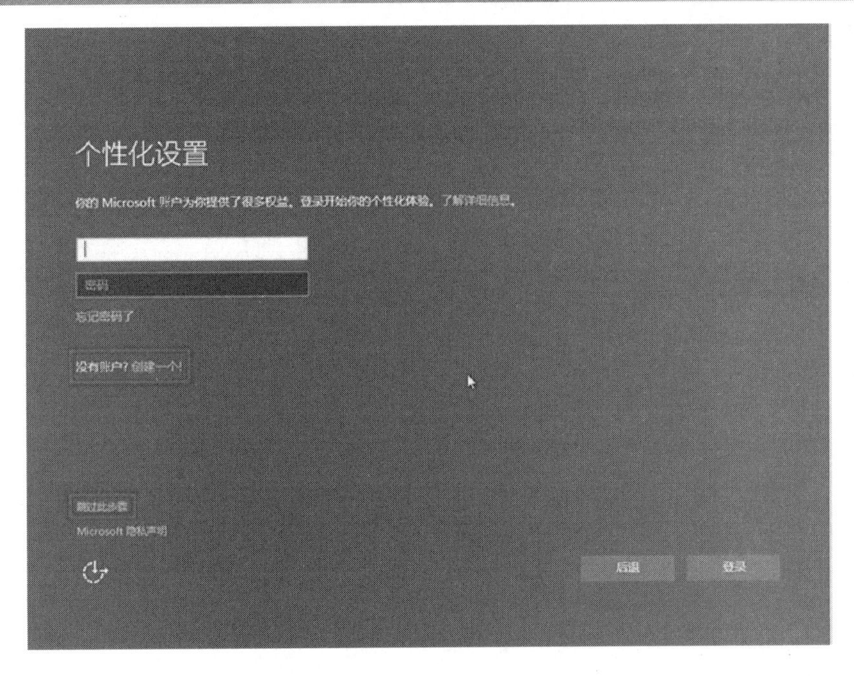

图 4-64　“个性化设置”窗口

由于本例为首次安装 Windows 10 系统，还没有创建过微软专用账户，因此这里可单击屏幕中间的“没有账户？创建一个！”选项，接着弹出“让我们来创建你的账户”窗口，如图 4-65 所示，用户要在对应的位置输入自己的账户名、密码和电子邮件地址。

图 4-65　“让我们来创建你的账户”窗口

若用户不想使用微软账户，也可以单击位于“个性化设置”窗口左下角的“跳过此步骤”链接，随后出现“为这台电脑创建一个账户”窗口，Windows 10 系统会为计算机创建一个本地管理员账号和密码，如图 4-66 所示。

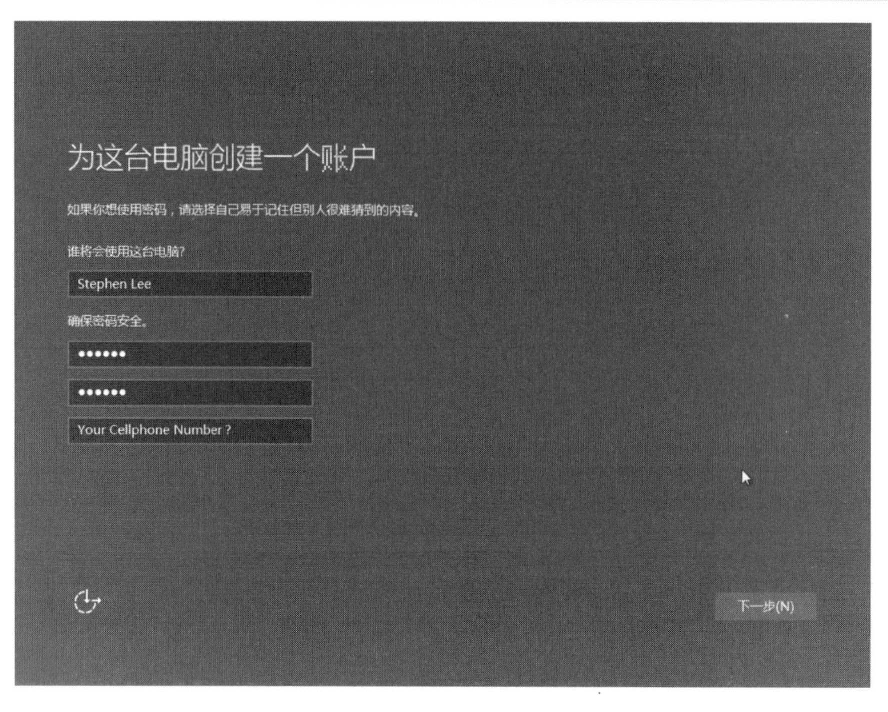

图 4-66 “为这台电脑创建一个账户”窗口

知识补充

微软账户能够实现各类微软产品的统一登录和个性化配置，用户只需一个账号就可以使用 Windows 10 系统、Office 365 软件、Outlook 电子邮箱、OneDrive 云存储和 Xbox 游戏等微软云端和线下应用服务。

⑮ 设置完成后，单击“下一步”按钮，Windows 10 系统开始进行相关设置，如图 4-67 和图 4-68 所示。

图 4-67 “正在设置应用”窗口

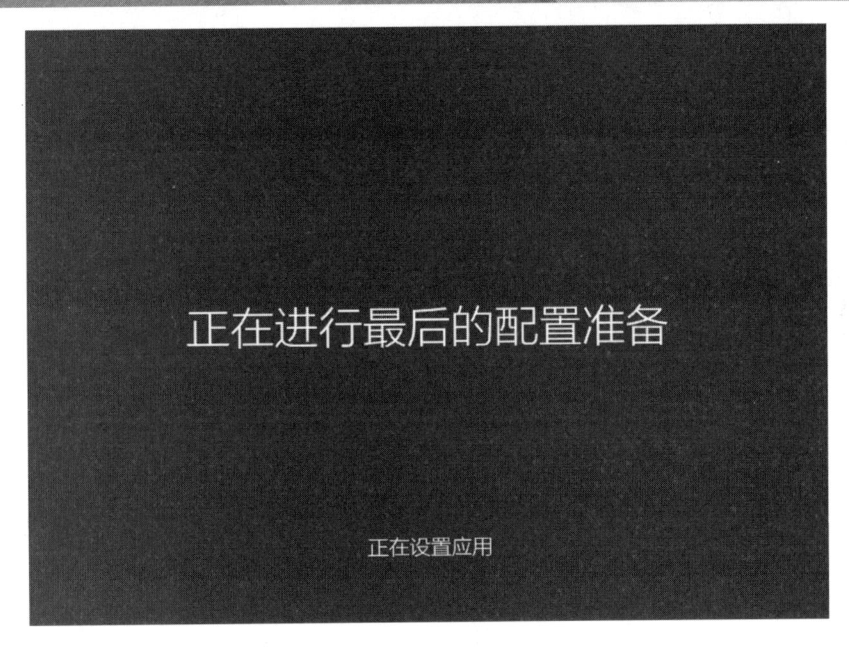

图 4-68　“正在进行最后的配置准备”窗口

⑯ 待所有设置全部完成后，Windows 10 系统将展现其令人惊叹的 Hero 动态壁纸，并登录系统桌面，如图 4-69 所示。

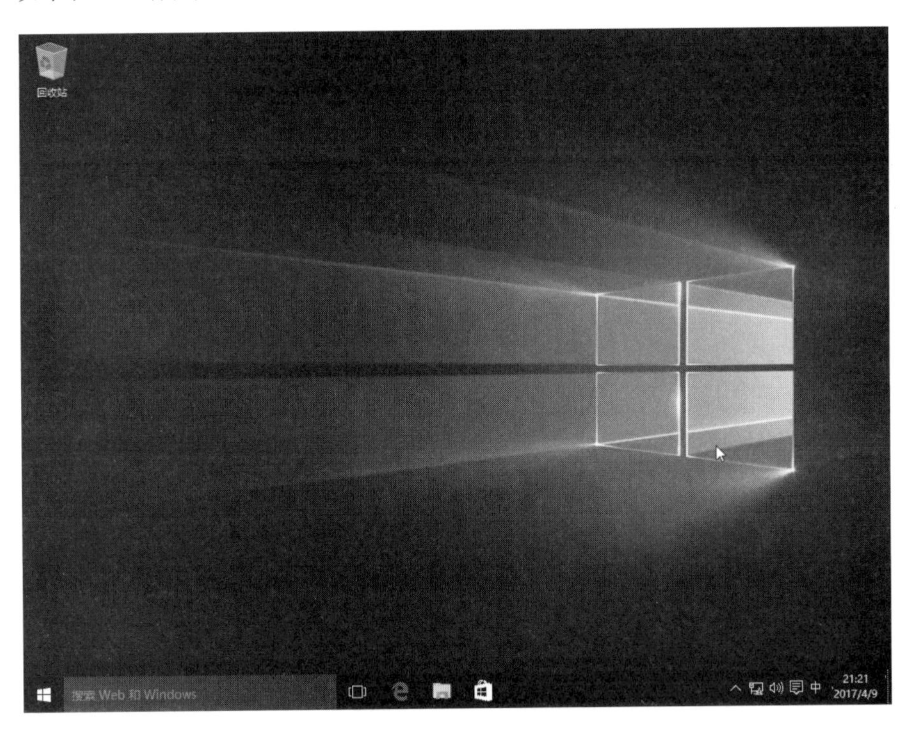

图 4-69　Windows 10 系统桌面

知识补充

Hero 动态壁纸采用实景拍摄（非图像特效处理），画面会随着光线的移动而呈现出一种“流光溢彩”的炫丽效果，它已成为 Windows 10 创新设计的一个经典标志。

项目实训 1　安装 Windows 10 系统

本实训将安装 Windows 10 系统，帮助用户熟悉 Windows 10 系统的安装与基本配置，并实现知识的融会贯通和延伸实践。

【实训目的】

掌握 Windows 10 系统的安装与配置方法，熟悉 Windows 10 系统的简单应用。

【实训准备】

本实训需准备一台实训用计算机。

【实训过程】

STEP 1　在实训计算机上搭建虚拟实验环境（如 VMware）。

STEP 2　准备一张系统光盘（或一个包含系统镜像包的启动 U 盘），并在 BIOS 中设置好第一启动设备。

STEP 3　参考本书的操作示例，安装一次 Windows 10 系统，并设置规范的用户账号、计算机名称、网络类型等常用功能。

STEP 4　安装完成后，对系统进行简单的使用测试，比如更换桌面背景、设置用户密码、创建文件夹、编辑图片、安装和卸载应用软件等，以便尽快熟悉 Windows 10 系统的基本操作。

项目实训 2　安装主板驱动程序

本实训将在计算机中安装或升级主板驱动程序。

【实训目的】

掌握主板驱动程序的安装方法，能够融会贯通安装其他设备驱动程序。

【实训准备】

本实训需准备一台可联网的实训计算机。

【实训过程】

STEP 1 在实训计算机中搭建 Windows 10 系统的虚拟环境，并连接互联网。

STEP 2 在虚拟系统中安装驱动精灵或其他工具软件，然后对虚拟机进行一次硬件驱动扫描。

STEP 3 观察是否存在驱动程序缺失或版本过低等问题，并在任课老师的指导下，有选择地安装或更新驱动程序（建议升级集成显卡和集成声卡等驱动）。

STEP 4 重启虚拟机，观察硬件驱动程序是否已安装成功，系统是否能稳定运行。

（备注：Windows 10 的设置、VM 虚拟机的安装配置不单独介绍，而是作为拓展提升能力，由任课老师指导学生来自行完成，目的是让学生学会举一反三，融会贯通，培养学生的自主实践能力）

项目 5

备份与恢复计算机系统

职业情景导入

安装好系统后，阿秀使用计算机上网冲浪，感觉运行速度很快，不过她又想到了另一个问题。

阿秀：王工，新安装的计算机使用体验非常好，但是万一计算机不能正常使用了，还要重新安装系统和应用软件吗？

老王：重装是一个办法，但比较耗时。只要我们及时备份系统，一旦发生故障就能迅速恢复系统和软件，从而避免重新安装的麻烦。

阿秀：那应该怎样备份和恢复系统呢？

老王：只需一个 U 盘和一个备份程序就行。U 盘可以随身携带，还能给不同配置的计算机恢复系统！

知识学习目标

- 掌握 U 盘启动盘的制作方法
- 掌握计算机系统的备份方法
- 掌握计算机系统的恢复方法

技能训练目标

- 能够使用工具软件制作 U 盘启动盘
- 能够独立备份计算机系统
- 能够独立恢复计算机系统

当计算机发生较为严重的系统故障时，可使用 U 盘及事先备份的镜像文件来迅速恢复计算机系统，可大大节省系统修复的操作时间。

5.1 制作 U 盘启动盘

U 盘启动盘是对计算机系统进行维护时常用的工具，它操作简单，使用灵活，携带方便，既可以用来备份和恢复系统，同时也不影响 U 盘正常的存储操作。U 盘启动盘的制作需要借助专门的工具软件，常用的有老毛桃、大白菜、U 深度、U 启动等。这里以 U 深度启动盘制作工具为例进行介绍。

（1）安装 U 深度启动盘制作工具

① 登录 U 深度官方网站，下载最新版本的 U 盘启动盘制作工具（这里采用 V5.0 UEFI 版）。

② 双击打开安装包，单击窗口中的“立即安装”按钮，如图 5-1 所示。

图 5-1 “安装 U 深度”窗口

③ 安装完成后，弹出如图 5-2 所示的“安装完成”提示窗口。单击“立即体验”按钮，即可进入 U 深度 U 盘启动盘制作工具的主界面，如图 5-3 所示。

图 5-2 “安装完成”提示窗口

图 5-3 U 深度工具主界面

（2）一键制作 U 盘启动盘

① 准备一个能正常使用的 U 盘，容量建议在 8GB 以上，事先做好 U 盘的数据备份。

② 将 U 盘插入计算机，U 深度软件会自动识别出 U 盘，如图 5-4 所示。

③ 保持软件界面中各项默认设置不变，一般情况下无须修改任何参数项，直接单击“开始制作”按钮。

④ 随后弹出“U 深度 - 警告信息”对话框，如图 5-5 所示，提醒用户安装程序将会删除 U 盘中的所有数据，并且无法恢复。确认无误后单击“确定”按钮。

⑤ U 深度软件在执行过程中会显示制作进度，如图 5-6 所示。正常情况下，U 盘启动盘的制作过程需要花费 2～3 分钟时间，在此期间用户尽量不要进行其他操作。

图 5-4　识别计算机中的 U 盘

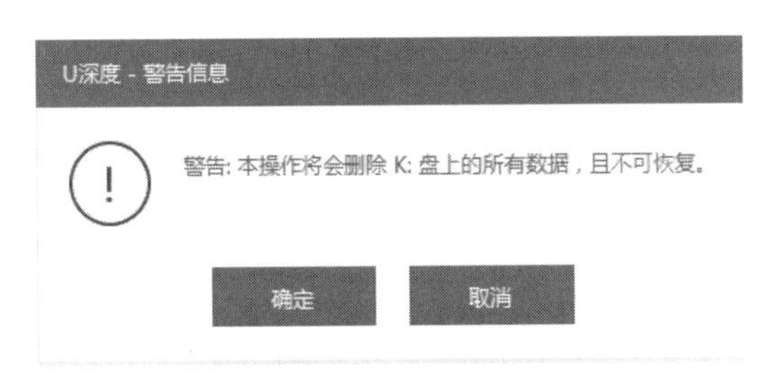

图 5-5　“U 深度 - 警告信息”对话框

图 5-6　“U 深度制作进程”窗口

⑥ U 盘启动盘制作完成后，会弹出“U 深度 - 提示信息”窗口，询问用户是否要用“模拟启动”功能来测试 U 盘的启动情况，如图 5-7 所示。

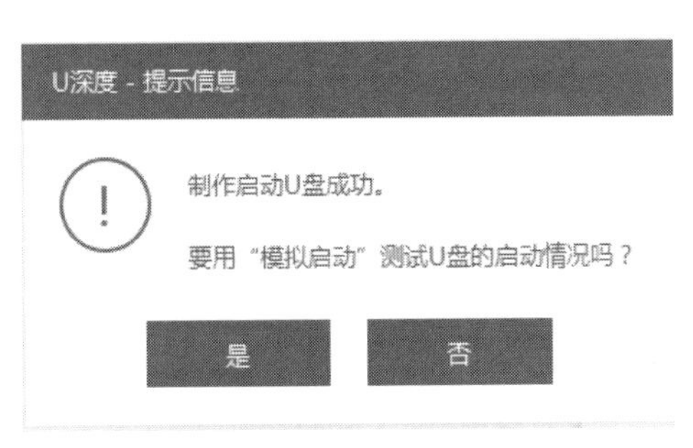

图 5-7　“U 深度 - 提示信息”窗口

⑦ 单击“是”按钮，随后弹出如图5-8所示的模拟启动界面，这说明U盘启动盘已经制作成功。请注意，这个只是U深度软件模拟出来的U盘启动盘操作界面，仅供启动测试所用，并没有实际的功能，用户不用进一步操作，直接关闭窗口即可退出该模拟启动界面。

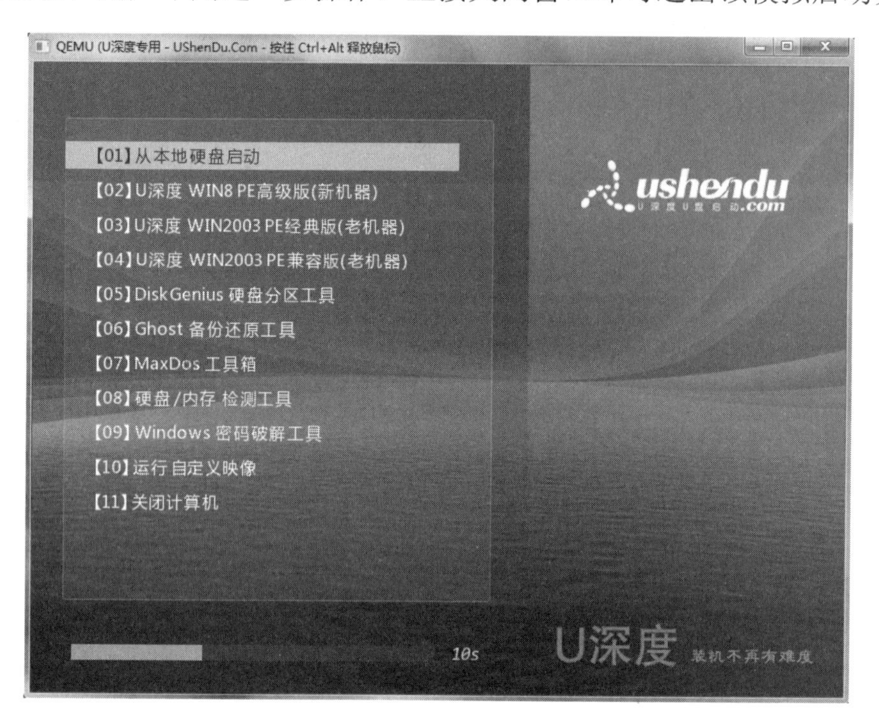

图5-8　U深度模拟启动界面

5.2 使用Ghost程序备份系统

Ghost是一款专业的系统备份和还原工具，它可以将某一个硬盘分区或整个硬盘的数据完全复制到另一个分区或硬盘上，也可以把某个分区中的数据转换成一个磁盘镜像文件，以方便保存和重复使用。

下面将使用U盘启动盘内置的Ghost程序备份计算机系统。

知识补充

由于Ghost是免费软件，绝大多数系统启动光盘、U盘启动盘和Windows PE微系统都集成了Ghost程序，用户只要在里面直接运行Ghost即可。

① 插入U盘启动盘，将第一启动设备设为可移动式存储设备（U盘），保存并重启计算机。

② U盘启动盘开始自引导，随后进入“U深度主菜单”窗口，如图5-9所示。

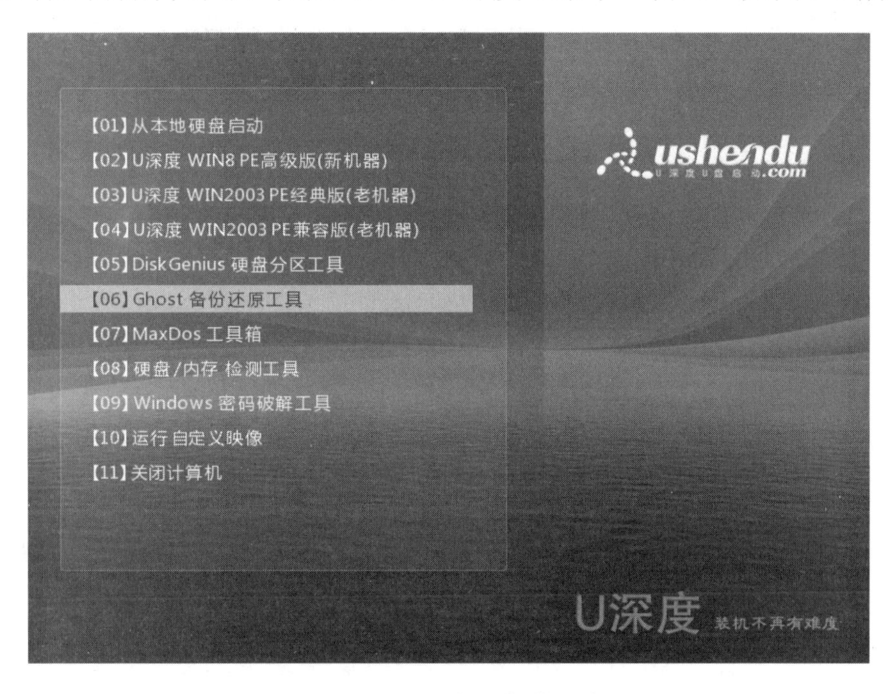

图5-9 “U深度主菜单”窗口

③ 选择“【06】Ghost备份还原工具”项，随后进入如图5-10所示的Ghost 11.5.1版功能选择界面，其中包括标准压缩版和极限压缩版两种模式，这里选择“【01】Ghost 11.5.1”标准压缩模式，直接按回车键进入。

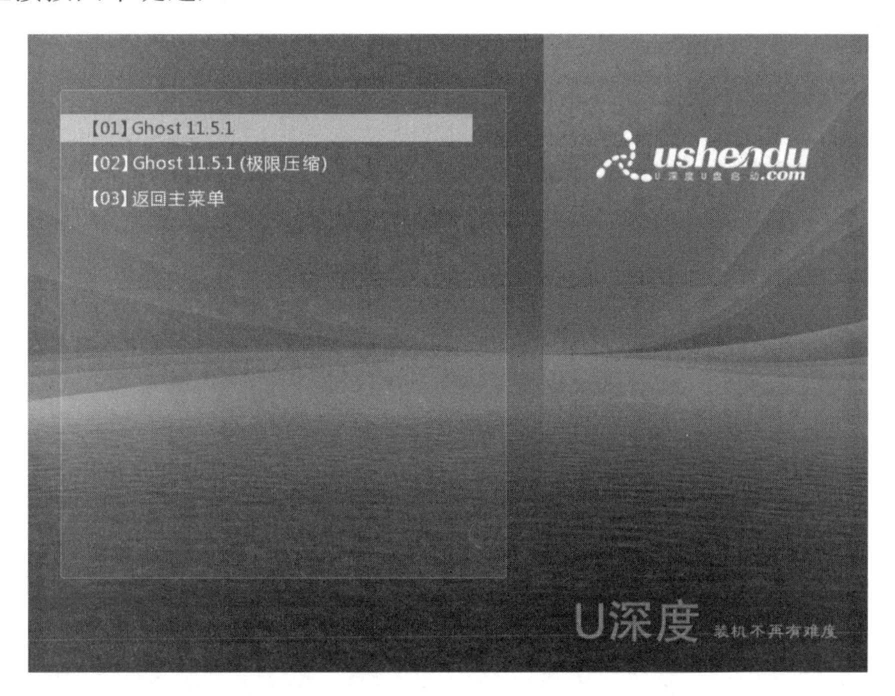

图5-10 Ghost 11.5.1版功能选择界面

④ 随后打开Ghost 11.5.1程序主界面，首先需要选择要备份的方式。如果此时鼠标处于激活状态，那么可直接使用鼠标分别单击“Local”菜单→“Partition”子菜单→“To Image”

选项，即采用“分区对镜像”的备份转换方式，如图 5-11 所示；如果鼠标不可用，也可以通过移动“↓”和“→”等方向键来选中对应的命令，然后按回车键完成上述操作（下同）。

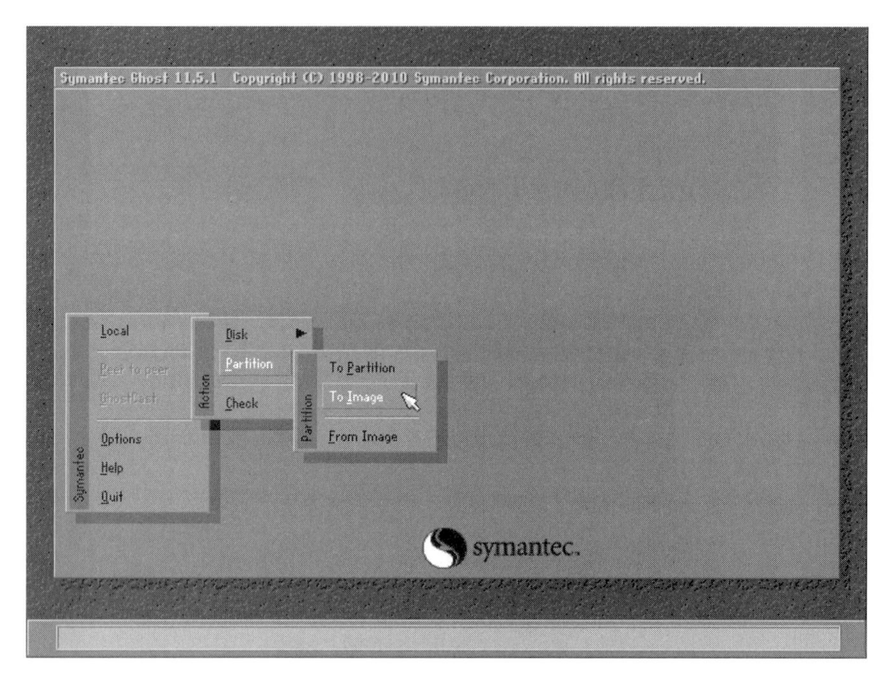

图 5-11　选择要备份的方式

⑤ 这时出现“选择本地源驱动器”窗口，如图 5-12 所示。选择本地硬盘驱动器（“Drive 2 Local”驱动器），然后单击“OK”按钮。如果鼠标不可用，那么可以按“Tab”键切换到要选择的项目或菜单中，然后按回车键确认（下同）。

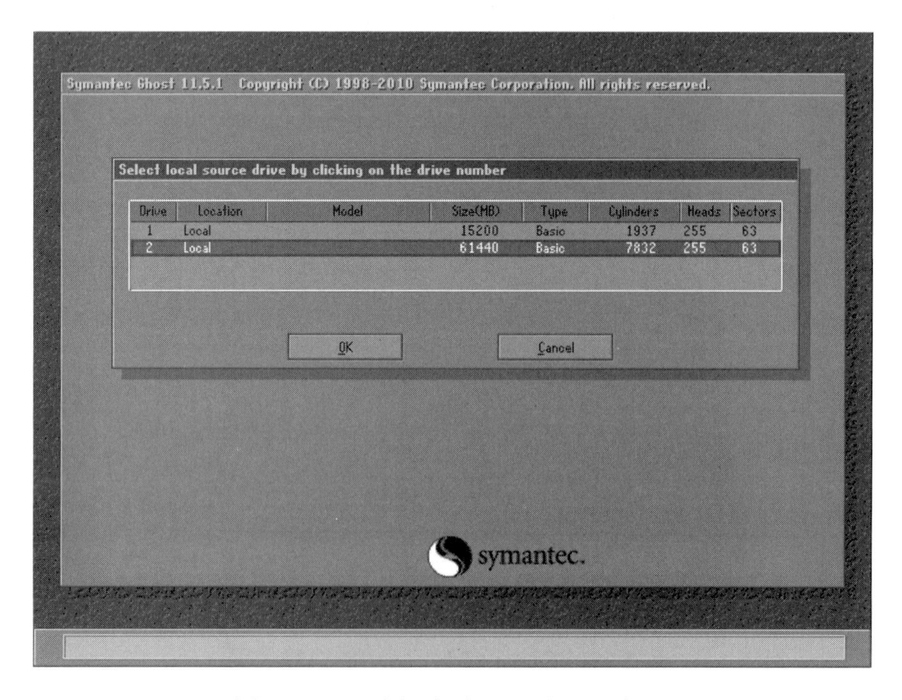

图 5-12　“选择本地源驱动器”窗口

⑥ 接下来进入“选择磁盘源分区”窗口，选择一个要备份的磁盘分区，如图 5-13 所示。由于操作系统一般会安装在 C 盘，所以应选择第一分区，即“Part 1，Primary（主分区）”，然后单击“OK”按钮。

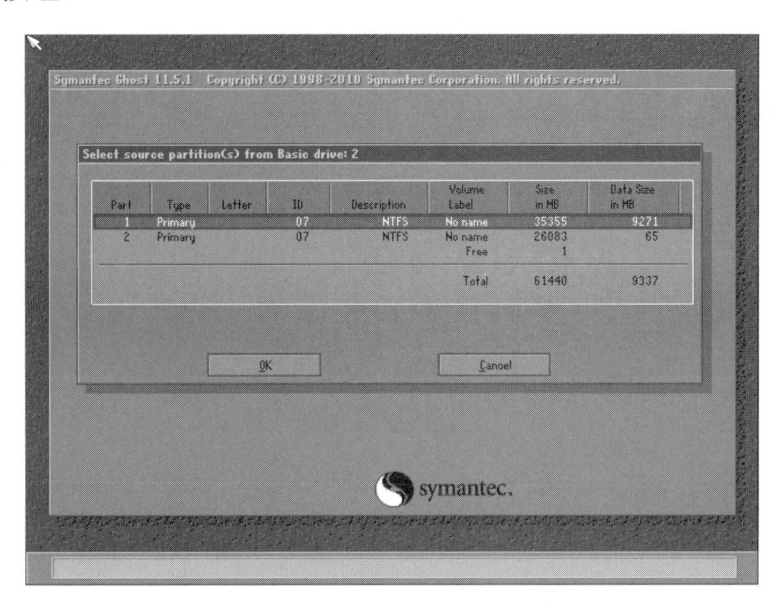

图 5-13 “选择磁盘源分区”窗口

⑦ 这时出现“镜像文件配置”窗口，单击下拉列表框，选择镜像文件保存的位置（如 D 盘），此处选择“2.2: [] NTFS drive”，并在“File name”一栏输入镜像文件的名称“Win7ghost”，然后单击“Save”按钮，如图 5-14 所示。

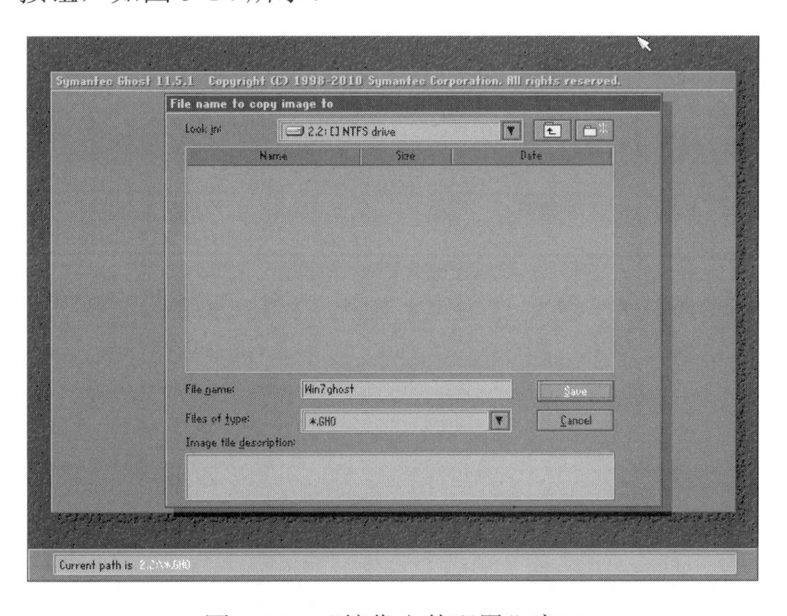

图 5-14 “镜像文件配置”窗口

⑧ 随后弹出“压缩镜像文件”对话框，Ghost 软件提供了“High”“Fast”“No”三种镜像压缩方式，如图 5-15 所示。

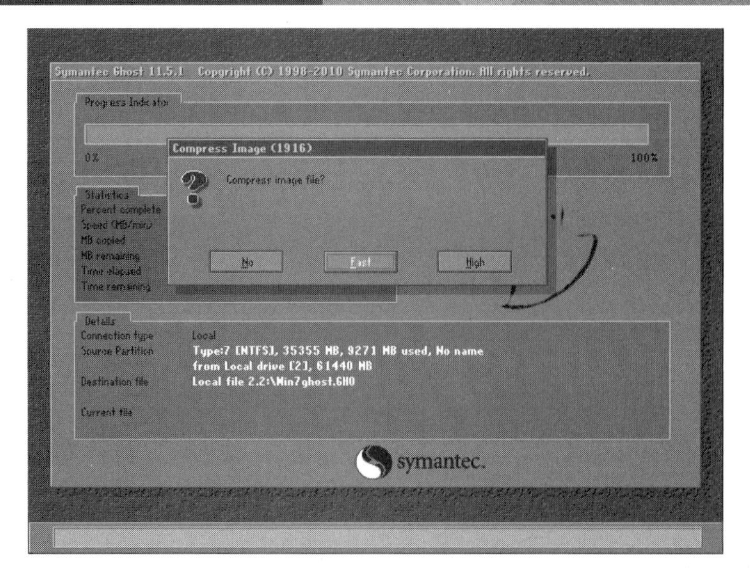

图 5-15　“压缩镜像文件”对话框

这三种压缩方式各有不同，分别简述如下。

➢ “High”表示高度压缩，其数据压缩比例较高，所生成的镜像文件占用空间较小，但是系统备份和恢复过程将耗费较长的时间。

➢ “Fast”表示快速压缩，它降低了数据压缩的比例，能够缩短系统备份和恢复所耗费的时间，但是最终生成的镜像文件体积比较大。

➢ “No”表示不压缩，系统备份和恢复的速度最快，但是镜像文件所占用的磁盘空间更为庞大。

为了加快系统备份的速度，同时保障镜像文件在制作过程中的稳定性，建议选择中间的“Fast”镜像压缩方式。

⑨ 单击“Fast”按钮，随后打开如图 5-16 所示的确认执行对话框，询问用户是否要创建分区镜像文件，单击“Yes”按钮确认。

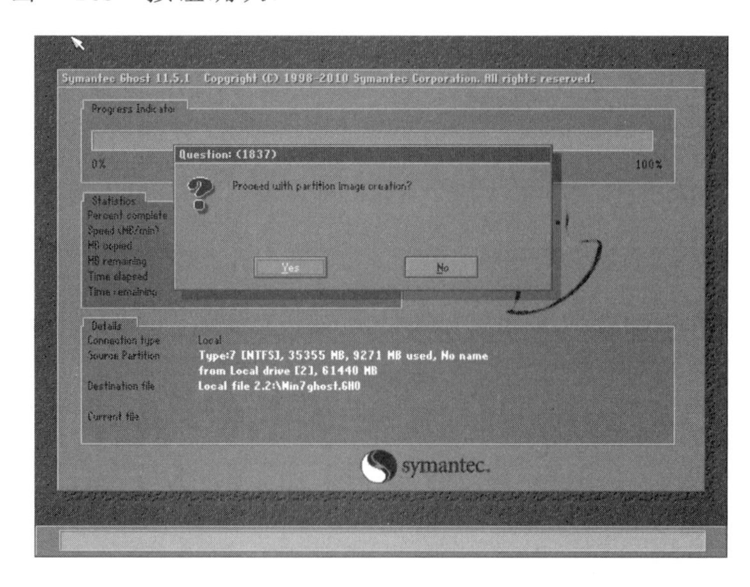

图 5-16　确认执行对话框

⑩ 随后 Ghost 开始执行备份命令，并显示当前备份的实时进度、备份速度、备份的数据量、备份已用时间以及预估的剩余时间等信息，如图 5-17 所示。

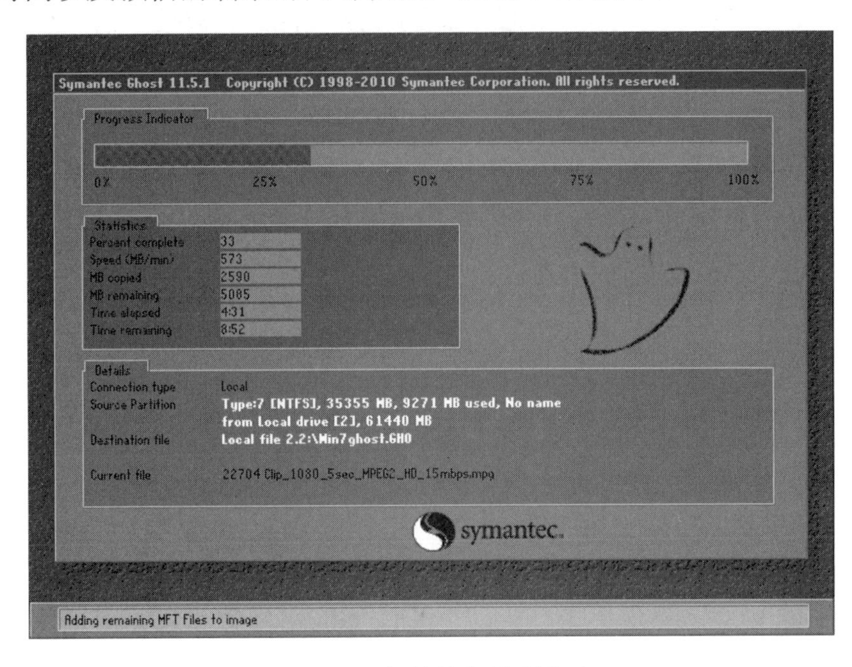

图 5-17 “备份执行进程”窗口

⑪ Ghost 备份完成后，将弹出“镜像文件创建完成”对话框，提示备份操作已成功，如图 5-18 所示。

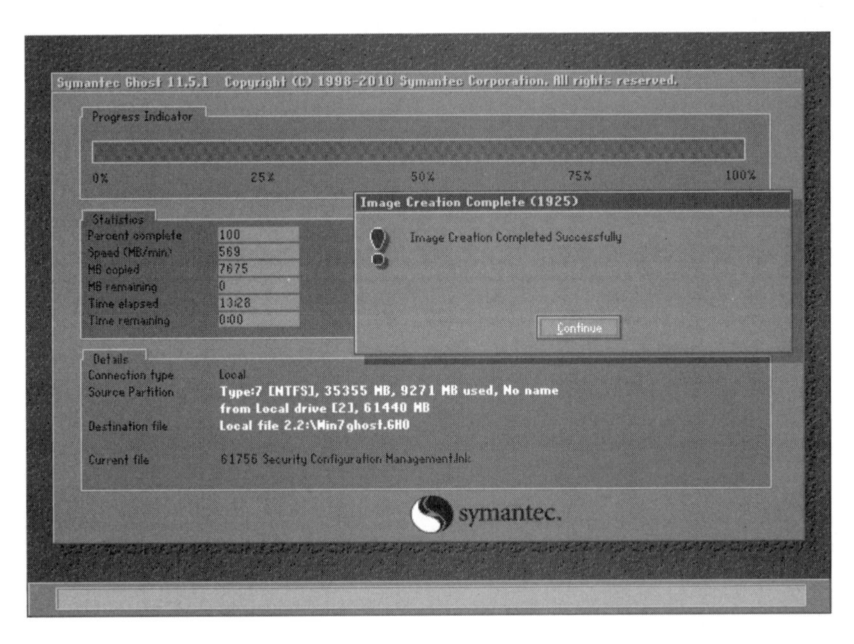

图 5-18 “镜像文件创建完成”对话框

⑫ 单击“Continue”按钮，返回 Ghost 程序主界面。再单击菜单最下方的“Quit”按钮，随后弹出如图 5-19 所示的“Quit Symantec Ghost”对话框，询问用户是否要退出 Ghost 程序。

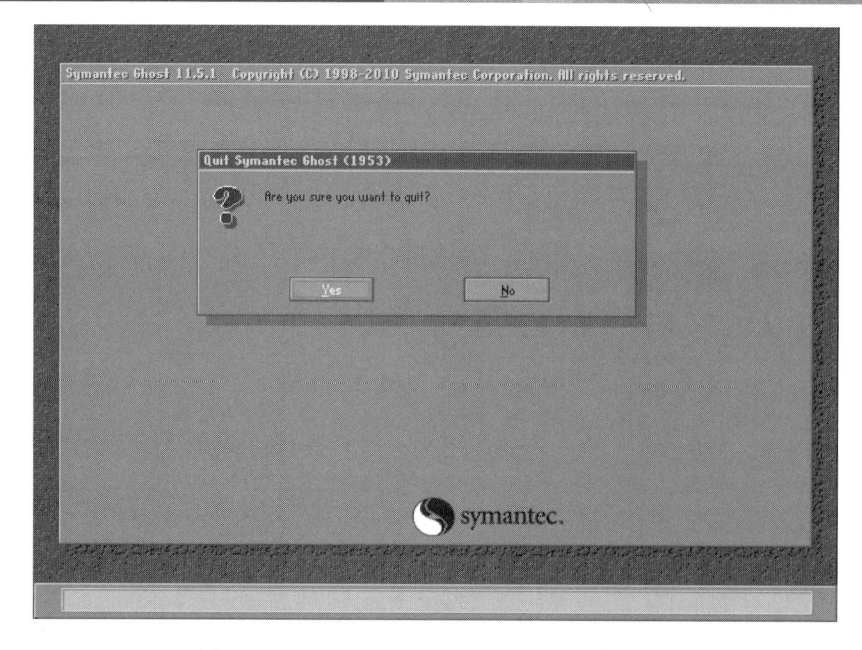

图 5-19 “Quit Symantec Ghost”对话框

拔出计算机中的 U 盘，然后单击“Yes”按钮，Ghost 将会重启计算机。重启后在 D 盘中可看到已经生成的镜像文件“Win7ghost.GHO”，系统备份至此完成。

知识补充

把制作好的 Ghost 镜像文件拷贝到 U 盘启动盘的“GHO”文件夹下，可方便用户通过 U 盘来快速完成恢复操作。

5.3 使用 Ghost 程序恢复系统

当系统出现严重问题而无法正常工作时，用户可使用镜像文件迅速恢复系统。

① 插入 U 盘启动盘，进入 U 深度主菜单，选择“【06】Ghost 备份还原工具”，随后进入 Ghost 程序主界面，单击“Yes”按钮，然后依次选择“Local”→“Partition”→“From Image”命令，指定从镜像文件中恢复系统，即通过“镜像对分区”进行转换，如图 5-20 所示。

② 随后弹出“选择镜像文件”对话框，单击下拉列表框，进入“2.2: [] NTFS drive”驱动器，选中镜像文件“Win7ghost.GHO”，如图 5-21 所示。

③ 单击“Open”按钮，随后弹出“选择源分区镜像”对话框，上面显示了该镜像文件的大小、文件标签、文件格式等信息，如图 5-22 所示。

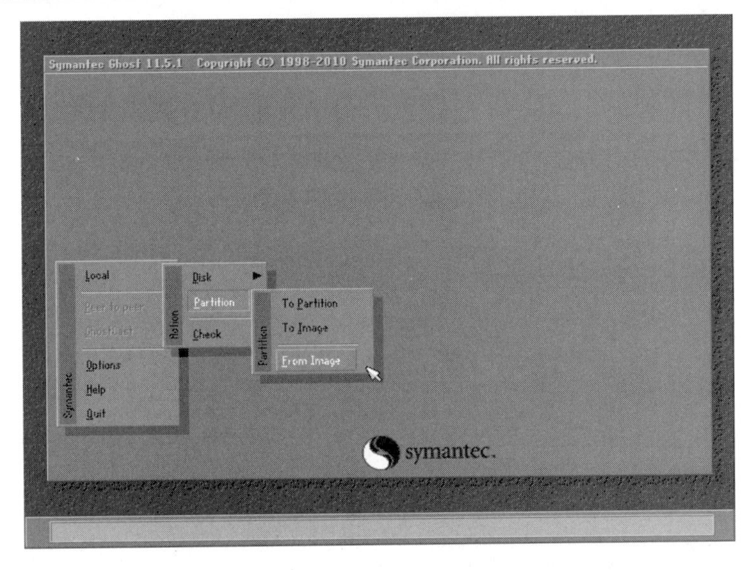

图 5-20 从镜像文件中恢复系统

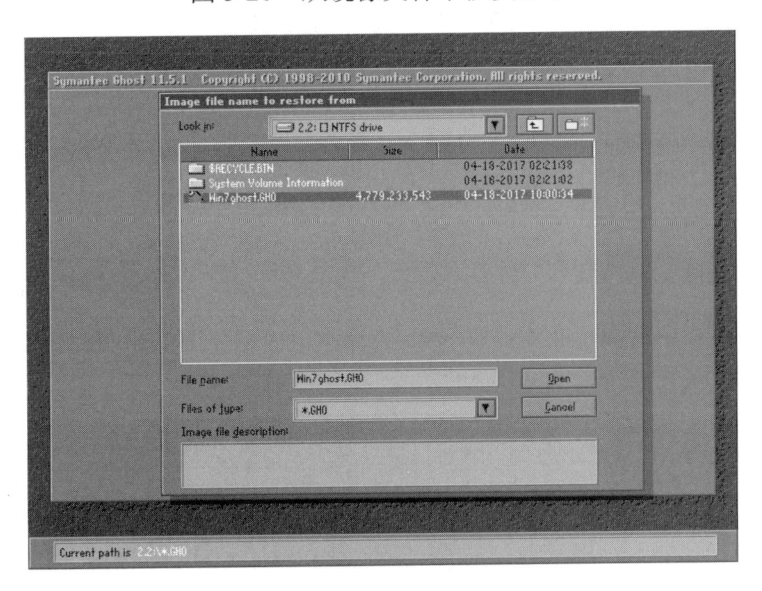

图 5-21 “选择镜像文件”对话框

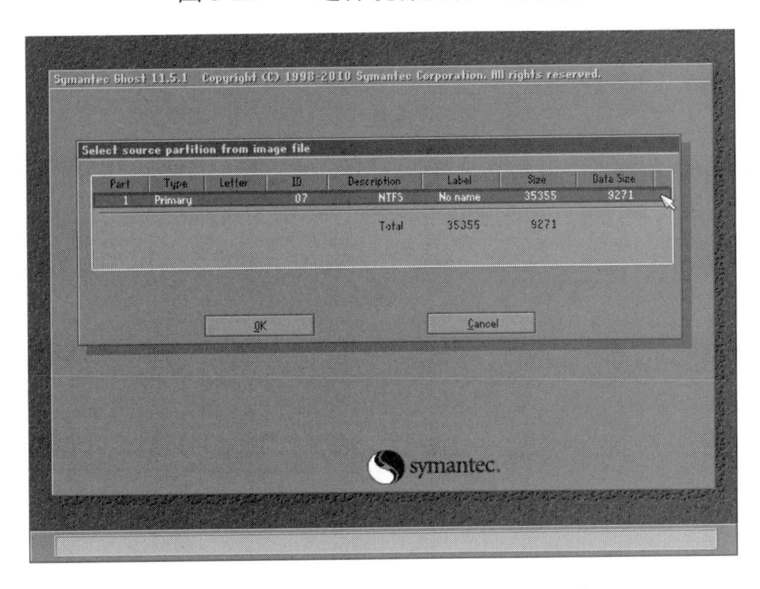

图 5-22 “选择源分区镜像”对话框

④ 选中源分区后单击“OK”按钮，随后弹出如图 5-23 所示的“选择目标驱动器”对话框，指定要恢复到的目标硬盘。由于在本机中只有一个硬盘，因此直接单击“OK”按钮即可。

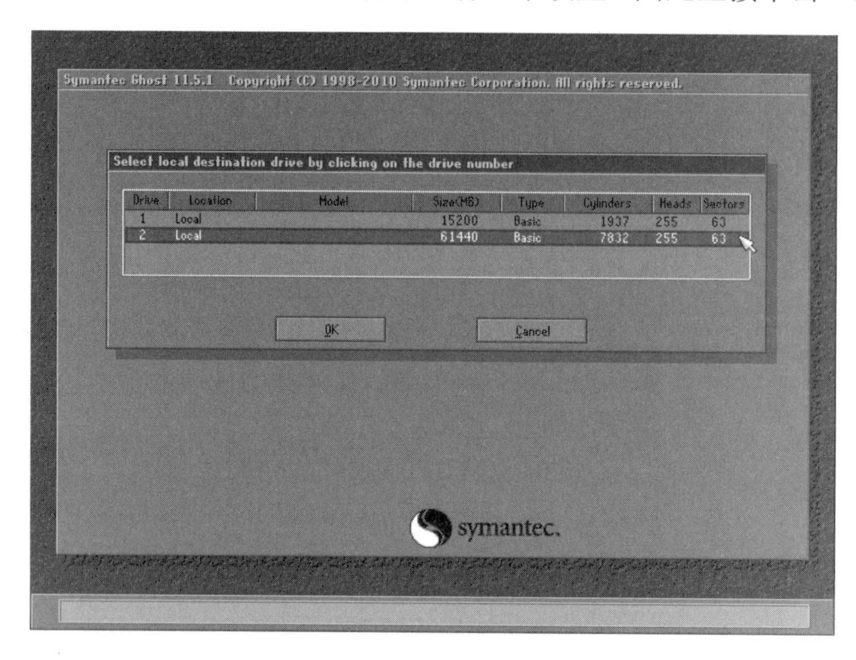

图 5-23 “选择目标驱动器”对话框

⑤ 在弹出的“选择目标分区”对话框中，指定要恢复到的磁盘分区，如图 5-24 所示。本例中要恢复的是系统分区（C 盘），因此这里选择恢复到第一分区，即“Part 1，Primary”主分区，然后单击“OK”按钮。

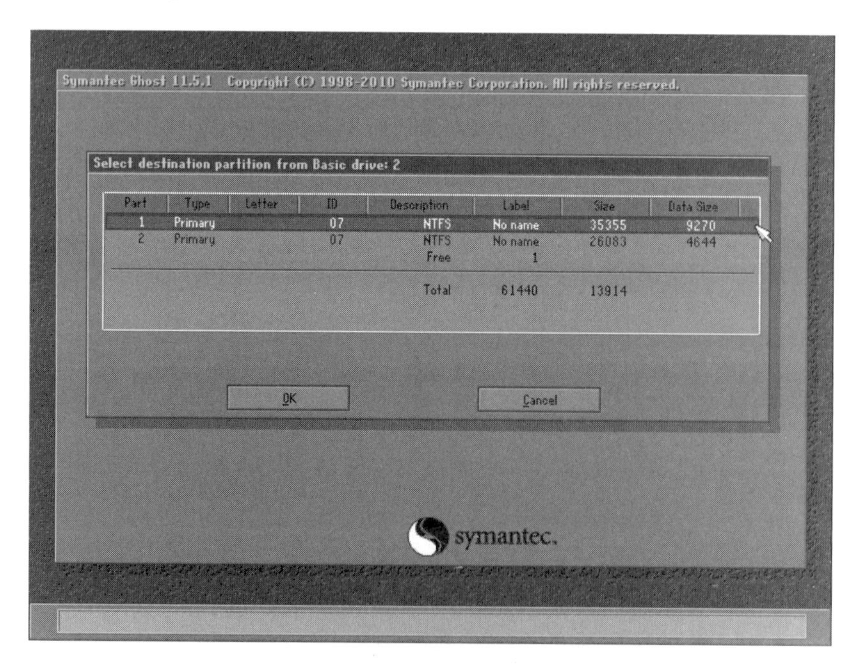

图 5-24 “选择目标分区”对话框

⑥ 随后弹出“执行分区恢复”提示框，询问用户是否确定进行分区恢复操作，如图 5-25 所示。

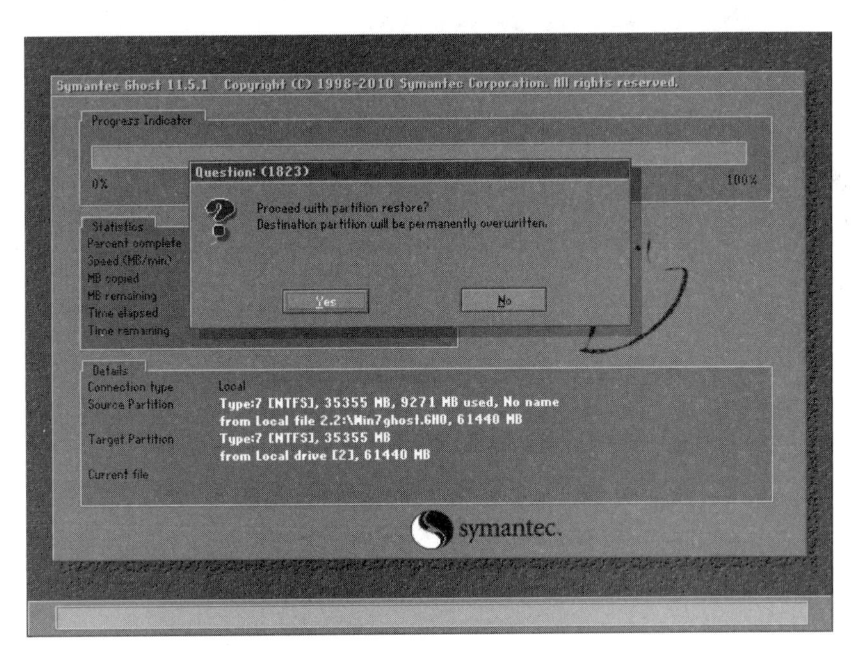

图 5-25 “执行分区恢复”提示框

⑦ 单击“Yes”按钮，进入“恢复镜像文件”窗口，Ghost 程序开始将镜像文件恢复至系统分区，并覆盖原系统分区中的所有数据。同时，Ghost 还会显示当前恢复的速度、进度、已用时间和剩余时间等信息，如图 5-26 所示。

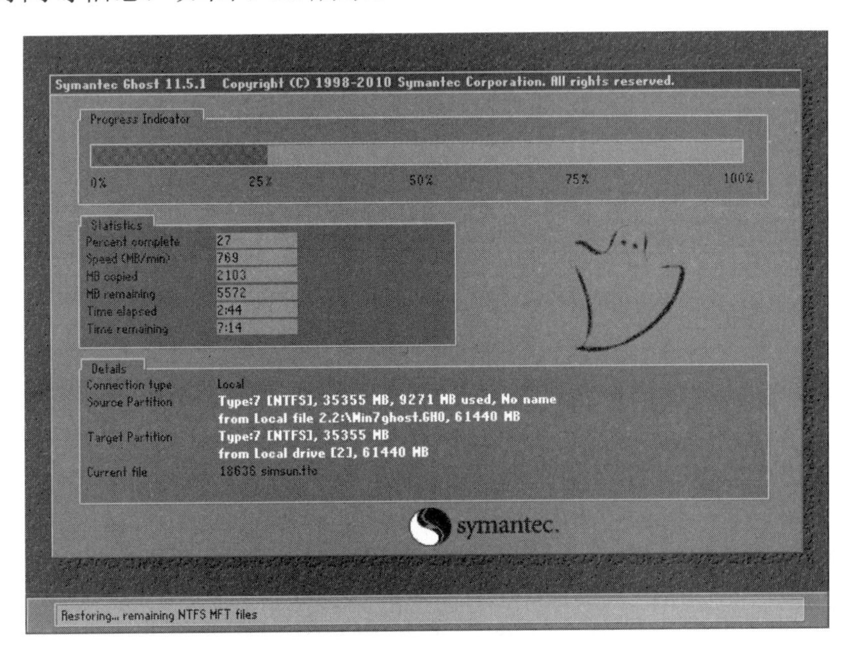

图 5-26 “恢复镜像文件”窗口

⑧ 等待一段时间后，弹出如图 5-27 所示的“镜像恢复成功”对话框。拔出 U 盘，单击“Reset Computer”按钮，计算机将重新启动，至此系统恢复操作已完成。

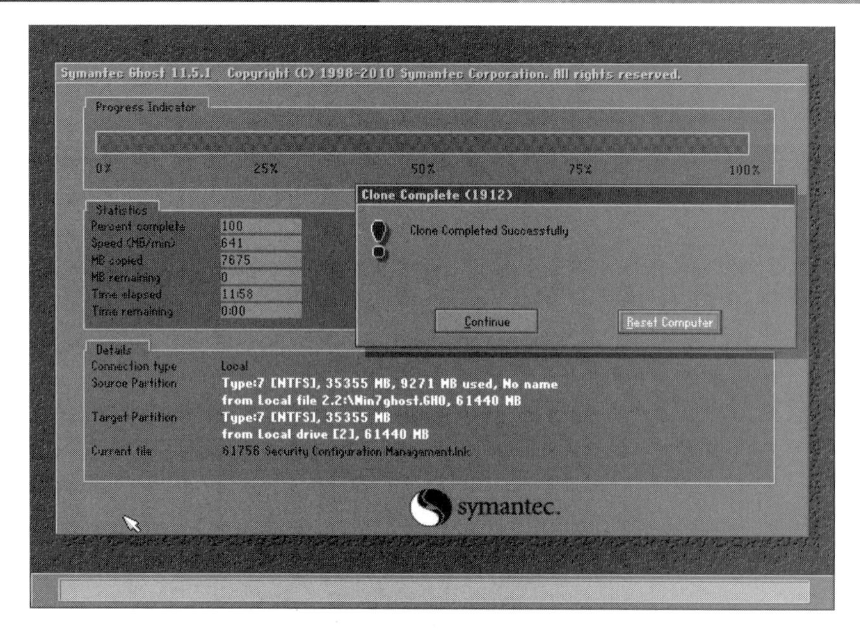

图 5-27 “镜像恢复成功”对话框

项目实训 1 备份计算机系统

本实训将备份 Windows 10 系统、应用软件以及用户设置数据。

【实训目的】

掌握如何使用 U 盘和 Ghost 程序备份计算机系统。

【实训准备】

本实训需准备一台实训计算机和一个 U 盘启动盘。

【实训过程】

STEP 1 在实训计算机中搭建虚拟实验环境（如 VMware）。

STEP 2 在虚拟机中安装 Windows 10 系统和 Office 办公软件。

STEP 3 用 U 深度或其他工具制作一个 U 盘启动盘，并测试至能正常使用。

STEP 4 插入 U 盘启动盘，对系统进行备份，建议采用 “Fast” 压缩模式。

STEP 5 备份完成后重启虚拟机，检查该镜像文件的保存位置与容量大小，并确认本次备份是否成功。

项目实训2 恢复计算机系统

本实训将使用U盘启动盘和镜像文件恢复Windows 10系统。

【实训目的】

掌握如何使用U盘和Ghost程序快速恢复计算机系统。

【实训准备】

本实训需准备一台实训计算机和一个U盘启动盘。

【实训过程】

STEP 1 使用上述“项目实训一”的虚拟机，插入U盘启动盘，从U深度软件中启动Ghost程序。

STEP 2 选择已备份好的镜像文件，将之恢复至C盘。

STEP 3 重启虚拟机，检查恢复后的系统能否正常登录和运行，应用软件是否能正常使用。

项目 6

修复计算机系统故障

职业情景导入

阿秀正在使用计算机上网查找资料，突然计算机发生故障而死机，于是阿秀向老王请教。

阿秀：王工，这台计算机突然死机了，重启后仍然进不了系统。

老王：你觉得问题可能出在哪里呢？

阿秀：应该是由于硬件或系统发生故障吧，具体原因我判断不出来。

老王：没关系，我们现在就来学习如何排除常见的计算机故障！

知识学习目标

- 了解排除计算机软、硬件故障的一般方法
- 掌握计算机各类硬件设备的故障排除方法
- 掌握计算机蓝屏死机故障的排除方法

技能训练目标

- 能够识别、判断简单的计算机故障
- 能够初步排除常见的计算机故障
- 能够查阅相关资料，并用于解决实际问题

计算机在长期使用过程中，难免会出现各种问题，轻则影响计算机的日常使用，重则可能导致系统或硬件损坏。掌握基本的故障排除知识，能让用户快速处理计算机故障，恢复系统的正常运行。

6.1 计算机故障诊断方法

诊断计算机故障的方法有很多，下面仅介绍几类常用的故障处理方法。

（1）直观感觉法

直观感觉法即通过人体的感官去分析、判断故障的位置和原因，它包括望（观察法）、闻（嗅味法）、听（听声法）、切（触摸法）、问（询问法）等几个方面，这与中医的诊断疗法比较相似。

- 望（观察法）

"望"就是通过观察主机电源指示灯是否常亮、显示器电源灯是否呈现绿色、键盘指示灯是否在开机时闪烁、硬件的连接线缆是否已经脱落、板卡部件的表面是否有明显的伤痕或烧痕、显示屏幕上是否出现提示信息等，以帮助用户排除一些常见的软、硬件故障。

- 闻（嗅味法）

"闻"即通过嗅觉来分辨计算机内部是否有部件被烧坏。例如，如果计算机散发出焦味、煳味、油漆味、塑料胶味等相似的气味，则说明有可能是某个设备的电阻、电感线圈、连接线缆、二极管、金手指或者外部接口已被烧坏，用户可根据发出气味的大致范围，最终确定故障的具体位置。

- 听（听声法）

"听"就是用耳朵辨别计算机所发出的异常响声。一般来说，计算机在工作时，是没有声音或者呈现正常状态声的。若计算机发出的声音与平常不同，则说明某个部件有可能出现了问题。

比如，在正常情况下，主板自检完毕后大多会发出一声"嘀"的短音，表明系统能够正常启动（也有一些主板没有自检音），而如果发出三声"嘀"的短音，则表示主板开机自检失败；如果主机内发出三声"嘀"的长音，则表明内存可能出现接触不良、物理损坏或者内存地址错误等问题；有些老旧的机械硬盘在运转时会发出"咔嚓咔嚓"的声音，这说明该硬盘内部可能存在物理性坏道，若继续使用下去容易造成永久性损坏；如果CPU风扇或电源风扇上积累了太多的灰尘，则可能会发出较大的异常啸声等。用户可根据这些形式各异的提示声音来判别具体的故障原因。

● 切（触摸法）

“切”是通过触摸计算机配件、外部设备或电子元件，感觉其表面形状、安装位置或工作温度是否与正常状态有所不同，从而判断出现问题的可能性。比如，当用手触摸某些电容时如果感觉其体积膨胀，触摸电子元件时如果感觉到弯曲变形，触摸某些硬件设备的表面时，如果感觉温度很高甚至烫手等情况，都说明这些设备可能出现了问题，甚至有可能已经损坏。

● 问（询问法）

“问”就是向计算机的使用者询问故障发生前以及发生后的情况，包括故障前做了哪些操作、使用者是否安装了新的硬件或软件、是否拆卸过任何部件或线缆、是否更改过系统设置、故障发生时计算机是否有出现错误提示等。通过与使用者的沟通和了解，可以初步判断所出现的故障究竟属于人为操作不当所致还是在于计算机自身的问题，进而缩小故障排查的范围。

（2）替换法

替换法是指用一个品牌与规格相同的正常部件去替代怀疑有故障的部件，并观察故障现象是否消失，以此来确定被替换的那个部件是否正常可用。例如，将一个好的板卡插到有故障的计算机中之后，若故障现象不再出现，那么问题就出在原先那个板卡上。此外，如果将某个怀疑有故障的部件安装在一台运行正常的计算机中，计算机随即出现了故障，那么基本可判断该部件存在问题。

替换法特别适合于两台型号和配置都相同的计算机，当一台计算机出现故障时，可以直接用另一台计算机的同类配件进行替换，从而迅速判断故障出在何处。

（3）最小系统法

最小系统法通常用于排查较为复杂的计算机故障，指的是当计算机发生故障而又无法确定具体部位时，可先保留支持计算机运行的最小硬件系统，其中包括主板（含板载显卡）、CPU（含散热风扇）、内存和电源，通电后观察这几大部件是否能正常启动和运行。在最小硬件系统正常工作的基础上，再逐步添加各个部件设备，直到出现某种故障，就可以确定问题出在哪个地方了。

最小系统排查法可分为以下三种情况。

① 主板、处理器、内存、电源搭配使用，可检测计算机硬件核心是否能够正常开机。

② 主板、处理器、内存、电源、独立显卡、显示器进行搭配，可检测计算机是否能够正常启动和显示。

③ 主板、处理器、内存、电源、独立显卡、显示器、硬盘、键盘进行搭配，可检测计算机是否能够正常进入系统。在此基础上，可以再逐步添加鼠标、网卡、声卡、光驱、打印机之类的硬件设备（逐步添加法），并随时观察计算机的运行情况，密切留意可能出现的故障现象。

最小系统法与逐步添加法相结合，能快速、准确地定位发生故障的部件，提高计算机的维修效率。

（4）诊断工具辅助法

对于具备一定技术基础的用户，可以借助专业的诊断工具来帮助排除故障，主板诊断卡便是其中的一种。主板诊断卡也叫诊断测试卡，能够收集 BIOS 对各种硬件设备的检测信号，并以数字或中文来显示硬件的诊断信息。

主板诊断卡可以直接检测硬件级别的错误信号，特别是在诊断计算机启动黑屏、键盘操作无反应、开机自检报警音失效、系统无法引导等情况时，使用主板诊断卡有很大的便利性。如图 6-1 与图 6-2 所示分别为数字式主板诊断卡与中文显示主板诊断卡。

图 6-1　数字式主板诊断卡

图 6-2　中文显示主板诊断卡

6.2 计算机故障修复案例

不同类型的故障往往具备不同的表现特征，在处理方法上也有很大的区别。下面介绍部分常见的计算机故障，并分别提供一个或两个典型的解决案例，以供读者参考。

6.2.1　处理器故障修复案例

处理器类故障主要涉及 CPU 和散热风扇。造成 CPU 故障的原因大多是 CPU 安装不当、散热片接触不良、灰尘积聚过多、风扇散热效果不好，以及用户不正确的设置或超频等。

故障案例　CPU 使用率过高，导致系统无法正常运行

【故障现象描述】

某台安装有 Windows XP 系统的计算机，在开机运行一段时间后变得非常慢，打开一些应用软件时系统往往无反应，或者长时间显示忙碌状态。在“任务管理器”中检查硬件性能的使用状况时，发现 CPU 资源的占用率经常高达 100%，如图 6-3 所示。

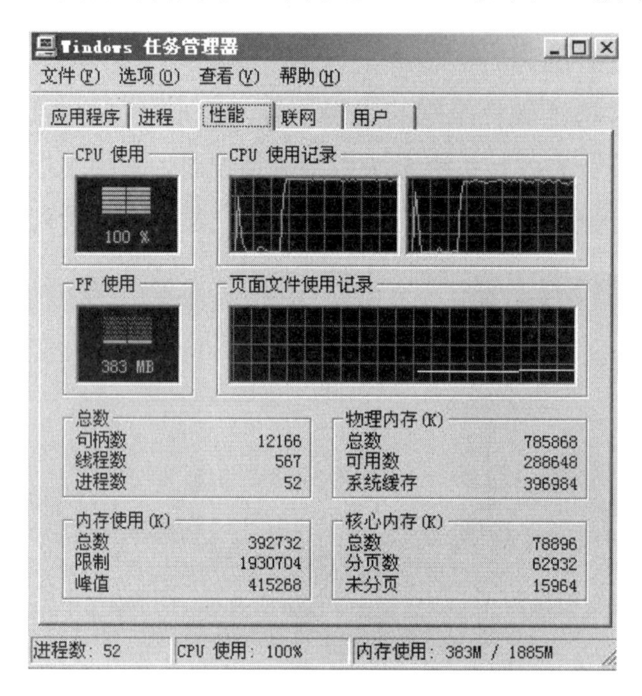

图 6-3　CPU 资源占用率高达 100%

【故障原因分析】

CPU 一般会自动调节其自身的时间分配，但如果经常出现 100%的资源占用率，说明可能发生异常的进程抢占情况。病毒程序造成的破坏、防毒软件的监控操作过于频繁、硬件驱动程序的质量不佳、系统内部进程出现问题等因素都有可能引发此类故障。

【故障处理方法】

- 重新启动计算机，进入系统桌面后打开“任务管理器”，单击“进程”选项卡，按照 CPU 占用率的高低情况对所有进程进行排序，观察一段时间后发现 CPU 占用率最高的进程为一款杀毒软件的主程序，该杀毒软件所包含的数个进程共占用了 90%以上的 CPU 资源。
- 退出杀毒软件的实时监控主程序后，CPU 的占用率下降了大约 40%。故卸载该款杀毒软件，然后重启计算机。

- 更换其他品牌的杀毒软件，并全面扫描计算机系统，将检测到的病毒全部删除。经检查，空闲状态下 CPU 的占用率保持在 5%以内，至此故障解决。

6.2.2 主板故障修复案例

主板电路复杂，所包含的电子元件也很多，因此比较容易出现故障，主要包括接触不良、电路短路、插槽损坏、电池失效、元件和接口损坏或烧毁等。

故障案例 主板安装不当导致无法开机

【故障现象描述】

用户将主机各个配件拆卸后进行清洁维护，当计算机重新组装起来后发现无法开机，主机电源指示灯不亮，计算机没有任何反应。

【故障原因分析】

人为拆卸变动后发生的故障往往是由于配件安装不正确、接触不良、连接不牢固或硬件损坏等原因所引起的。

【故障处理方法】

- 首先检查各个配件与插槽、接口及线缆的安装情况，发现均已安装到位，线缆也连接牢固。
- 将电源拿到其他计算机中进行测试，一切正常，因此排除电源损坏的可能性。
- 仔细观察主板，未检测到高温的元件和烧坏的痕迹，但发现有两颗螺钉拧得过紧，导致主板轻微变形，应该是螺钉老化不好安装，使得用户过于用力拧紧而产生了变形。将主板拆下，把变形的区域纠正，并更换新的螺钉，再将其装入机箱，通电后计算机可正常开机，问题就此解决。

6.2.3 内存故障修复案例

内存虽然结构简单，安装容易，但却是最容易出现故障的部件之一。究其原因，主要有接触不良、金手指老化、兼容性冲突、硬件质量问题、安装操作不当等。

故障案例 内存接触不良导致无法开机

【故障现象描述】

一台使用了 4 年多的计算机，时不时会发生开机点不亮的问题，主板有时会发出 POST 报警音，有时却无任何声音提示。重新拔插内存后能够正常维持一段时间，之后又会出现同样的问题。

【故障原因分析】

这很可能由内存接触不良所引起，是一种比较常见的问题，大多为灰尘过多、安装不到位、内存表面氧化等原因，另外内存质量不佳和提前老化也会导致此类接触性故障。

【故障处理方法】

- 拔出内存条，用毛刷扫除内存表面和内存插槽上的灰尘，再用吹风机将内存插槽里面的灰尘吹干净。
- 用干净的橡皮擦反复擦拭内存金手指区，直到金手指表面恢复光泽。
- 仔细观察内存条的存储颗粒、金手指和其他元件，确认内存没有被刮伤、烧伤等痕迹。
- 将内存重新安装到插槽中，计算机可以正常开机，也不再出现上述故障。

6.2.4 硬盘故障修复案例

硬盘是非常容易受到外界影响的部件。导致硬盘出现故障的主要原因包括接触不良、病毒感染、分区表被破坏、外力摔碰、磁盘坏道、温度/湿度/静电/磁场影响、硬盘质量问题等。

故障案例 计算机开机时硬盘报错

【故障现象描述】

一台计算机在开机时出现故障，屏幕显示如下描述信息：“DISK BOOT FAILURE, INSERT SYSTEM DISK AND PRESS ENTER”，如图 6-4 所示。多次尝试重启计算机仍然不能解决。

【故障原因分析】

该提示信息大意为“磁盘启动失败，请插入系统盘并按回车”，这应该是计算机检测不到硬盘驱动器信号，无法从硬盘进行引导。出现这种故障，可能是 BIOS 中启动引导设置错误，另外也有可能是硬盘接触不良，硬盘数据线、硬盘接口或硬盘内部机械电路有问题。

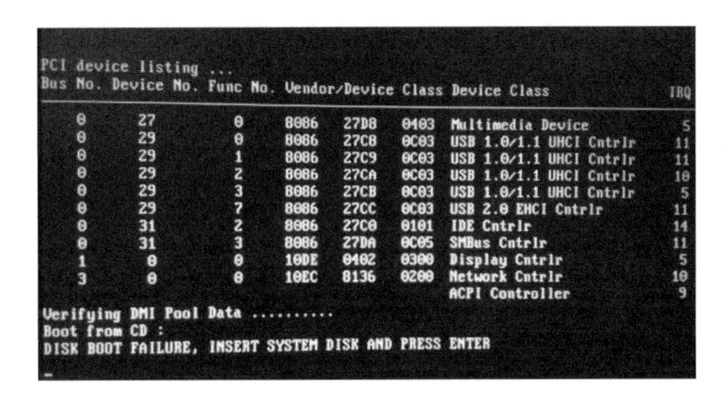

图 6-4　磁盘启动失败错误提示

【故障处理方法】

- 打开机箱，拔掉硬盘数据线，将一端插到另外的 SATA 接口上，另一端重新连接到硬盘 SATA 接口中，然而开机发现故障依旧。
- 检查硬盘和主板上的跳线设置，未发现问题。将硬盘拆下拿到其他计算机上进行测试，计算机的启动和运行也都正常。
- 最后把焦点集中在硬盘接口和数据线上。拔下 SATA 数据线并仔细检查，发现数据线与硬盘连接的一端接头上有磨损现象。更换一条新的 SATA 数据线后，计算机可以正常启动，硬盘也不再报错。

6.2.5　显卡故障修复案例

显卡有集显和独显之分，集显发生故障的概率相对较小，而独显则往往面临着很多故障隐患，如安装不到位、插接不牢固、散热效果不良、显卡质量较差或驱动程序未正确安装等。

故障案例　显卡接触不良导致计算机无法开机

【故障现象描述】

计算机开机时黑屏，无任何画面显示，POST 自检不能完成，并发出一长两短的“嘀-嘀-嘀”报警音。

【故障原因分析】

该主板采用 Award BIOS，一长两短的报警音表明显卡可能出现问题。另外，主板 POST

是按照一定的顺序进行自检的，这个过程大致为：通电→CPU→ROM→BIOS→System Clock→DMA→64KB 基本内存→IRQ 中断→显卡等。显卡之前进行的检测过程称为关键部件测试，这期间若关键部件发生故障，系统将直接挂起，不会有任何声音或画面提示，这也称为核心故障。本例中由于主板发出了报警音，说明主板的关键部件已经通过了 POST 自检。因此综合上述分析，显卡故障的可能性较大。

【故障处理方法】

- 断电后打开机箱，发现安装显卡的螺钉已经松开，显卡外部接口一侧已出现松动。
- 拆下显卡，发现显卡不仅黏附了较多灰尘，金手指的右侧区域也发生氧化，呈现灰暗的颜色。
- 将显卡和插槽中的灰尘清理干净后，用橡皮擦清除金手指上面的氧化物，重新将显卡安装牢固，开机后计算机运行正常。

主板接触不良或者发生老化、氧化是比较常见的故障，对于那些计算机使用时间较长、室内工作环境不佳、平时又不注意对计算机进行保养维护的用户，要记得定期检查和清洁内存、显卡、声卡等板卡部件。

6.2.6 电源故障修复案例

电源出现问题往往会影响计算机的正常工作。导致电源发生故障的原因有电源功率不够、市电电压不稳、电源老化、灰尘积聚过多、静电影响、机箱带电、产品质量问题、机箱面板接线不正确或开关不灵等。

故障案例 计算机开机数秒后自动关机

【故障现象描述】

按下开机电源后，系统能进行正常的开机自检，但几秒后便自动关机，每次开机都会出现同样的问题。

【故障原因分析】

开机后系统能够正常进行开机自检，说明主板核心部件应该没有问题，但在持续了几秒后便自动关机，这可能是电源供电系统出现故障，或主机某处发生短路而导致关机。

【故障处理方法】

- 先检查市电插座、输入电压和其他电器设备的工作情况，一切正常，没有发现问题。
- 打开机箱，仔细检查电源、主板、硬盘、光驱等部件的接线，确认电源的各个输出接口连接正常，没有出现短路、烧毁和温度过高等情况。
- 接着检查机箱面板上的开机按钮。如果开机按钮后面的弹簧失效，按下按钮后可能就无法正常弹起，这也会导致开机后又自动关机。经反复按下测试，开机按钮可以正常弹起，没有发现卡住或异物阻塞感等情况。
- 最后怀疑电源的问题。由于电源风扇能正常转动，没有明显的故障迹象，尝试把电源拿到其他计算机上测试，发现同样会导致开机后自动关机的问题，因此将电源送到经销商处维修。

6.2.7 外设故障修复案例

计算机外部设备种类较多，其中显示器、键盘、鼠标、声卡、打印机等设备比较容易出现故障，其原因主要有安装或连接不当、设备自身设置不正确、驱动程序出现问题、设备接口或数据线损坏等。

故障案例一 液晶显示器屏幕出现黑白线条

【故障现象描述】

一台使用了将近 7 年的液晶显示器，最近在使用时屏幕上总会出现一到两根竖直线条，有时候呈现黑色，有时候又变成白色，如图 6-5 所示。关闭显示器数分钟后再次开启电源，线条会消失，但是过一段时间后又会重现，并且近一个月来出现的次数越来越多。

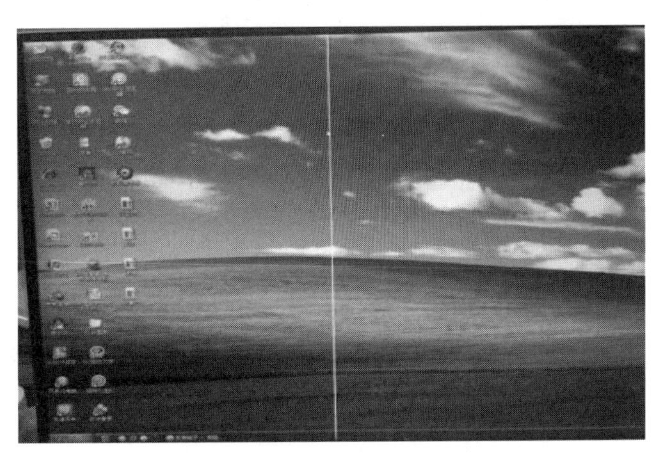

图 6-5 显示器屏幕上出现竖直线条

【故障原因分析】

液晶显示器在长期使用后，其液晶面板和控制电路可能会发生老化，屏幕出现黑色或白色的“亮线”便是一种常见的现象。这类故障除了接触不良的因素外，还可能是由于液晶面板或控制电路出了问题，如部分电容或电阻损坏等。

【故障处理方法】

首先检查显卡接口和显示器的数据线端口，确认没有出现端口接触不良、断针、损坏等情况，这样基本可以确定是显示器内部的硬件问题。考虑到显示器的使用年限，则很可能是元件老化所致的不可逆故障，只能送修处理，但维修费用会比较高，因此建议客户更换显示器。

故障案例二　启动计算机时不能识别键盘

【故障现象描述】

计算机在开机后，屏幕上出现“Keyboard/Interface Error. Press F1 to Resume”的错误提示，如图 6-6 所示。按下“F1”键无任何反应，按其他键也不起作用。该计算机使用的是 PS/2 接口键盘。

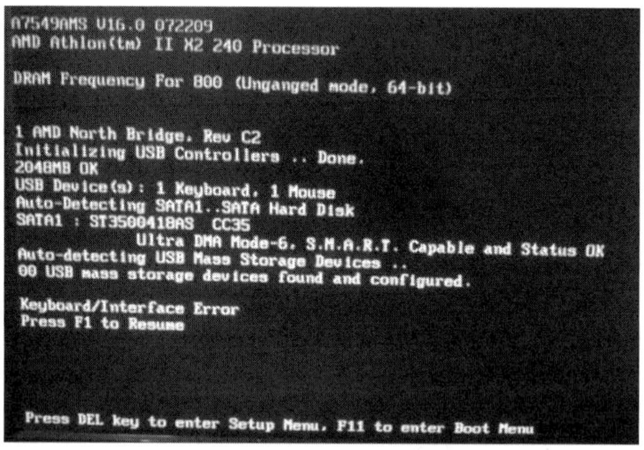

图 6-6　开机键盘检测错误画面

【故障原因分析】

这是计算机开机时键盘自检出现的一种常见故障，尤其是对于 PS/2 接口的键盘，开机检测出错的情况并不少见，可能是由于键盘端口接触不良、键盘控制电路故障、键盘信号出错、主板接口故障或病毒破坏等原因造成的。

【故障处理方法】

- 关机后拔下键盘，检查键盘插头和主板的 PS/2 接口，没有发现插头断针、变形、主板接口破损等情况。将键盘重新插到主板 PS/2 接口上，开机后故障依然存在。
- 更换一个好的键盘接到这台计算机上，开机还是会出现同样的故障，说明问题应该出在主板的 PS/2 键盘接口上。
- 经送修检测，发现是主板 PS/2 接口的几颗贴片电容坏了，维修后恢复正常。

需要注意的是，除了 PS/2 接口外，USB 接口也有可能会出现此类故障，有的是一个接口损坏，还有的则是全部接口都损坏。用户碰到这种问题要及时送修，或者联系厂家更换主板。

6.2.8 软件故障修复案例

随着计算机软件种类的极大丰富，各种软件问题也层出不穷，包括办公类、网络聊天类、网络下载类、电子邮件类、网络浏览类、媒体播放类、游戏娱乐类、专业设计类等。这些问题大多是由于软件安装、设置、操作上的不当以及软件自身的问题所造成的。

故障案例 在 Word 中输入网址和邮件地址总是自动转换成超链接

【故障现象描述】

在使用 Microsoft Word 2007 进行编辑工作时，每次输入网站地址或电子邮件地址总会被自动转换成超链接，经常导致用户误单击，影响正常操作。

【故障原因分析】

这是 Office Word 2007 软件内置的一个小功能，在输入网站地址和电子邮件地址时，Word 软件会自动判别并将之转换成超链接。如果用户不需要该项功能，可以在 Word 中把它禁用。

【故障处理方法】

- 打开 Word 2007 软件，单击“Office”按钮，在弹出的菜单中单击“Word 选项”按钮，随后打开“Word 选项”对话框。
- 切换到“校对”选项卡，单击其中的“自动更正选项”。
- 在“自动更正”对话框中，单击切换到“键入时自动套用格式”选项卡，在“键入时自动替换”一栏中找到“Internet 及网络路径替换为超链接”选项，然后取消勾选其前面的复选框，再单击“确定”按钮保存设置，如图 6-7 所示（取消勾选方框内的选项）。重新输入网址和电子邮件地址时，Word 不再转换成超链接，问题解决。

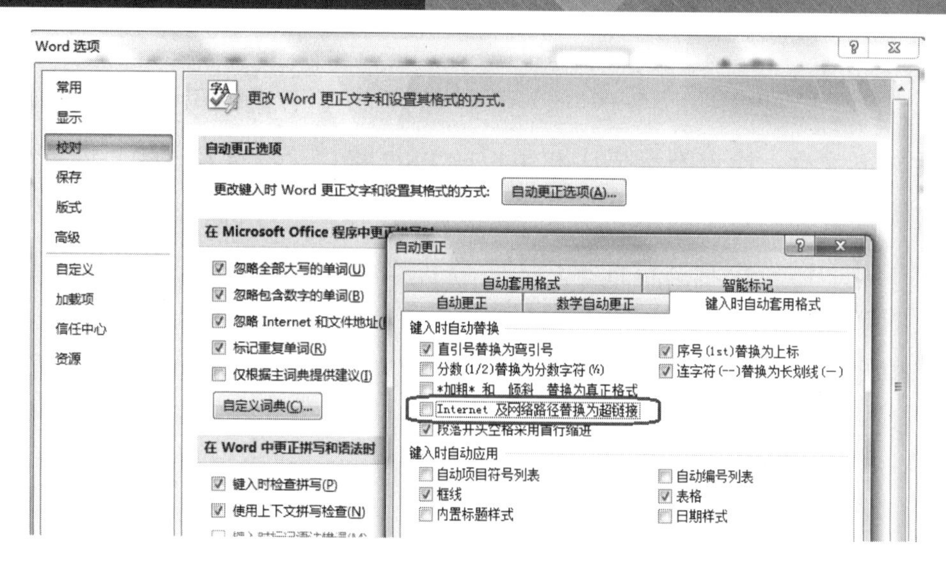

图 6-7　撤销网络路径自动转换成超链接功能

6.2.9　网络故障修复案例

网络是计算机应用不可缺少的领域，网络故障一般是由于网络设置不当、操作系统出现问题、病毒攻击和破坏、网络软件漏洞以及网络硬件问题引起的。

故障案例　访问网站域名出错，但可以通过 IP 地址访问网站

【故障现象描述】

某用户在上网浏览网页时，如果直接访问网站的域名就会经常出错，而要是输入该网站的 IP 地址（如 111.13.123.160）却可以访问网站。在其他计算机上又可以用域名正常访问网站，可以确定不是网站服务器的问题。

【故障原因分析】

不能访问域名但可以通过 IP 访问，这是 DNS 解析错误或本地 DNS 缓存出现问题所致。

【故障处理方法】

- 单击“开始”按钮→“运行”对话框，输入“cmd”命令并按下回车键。在打开的 DOS 窗口中，输入“ipconfig /flushdns”命令（中间有空格，不含双引号），重建本地 DNS 缓存。
- 依次单击“开始”→“控制面板”→“网络和 Internet”→“网络和共享中心”选项，在“查看活动网络”一栏的下方单击“本地连接”，在弹出的“本地连接属性”对话框

中双击“Internet 协议版本 4（TCP/IPv4）”选项，发现本机首选的 DNS 服务器地址已被某些推广软件更改，指向不明网站的 IP 地址。

➢ 卸载相关的推广软件和共享软件，用防毒软件进行病毒扫描。然后将计算机 DNS 地址设定为本省 ISP 运营商的 DNS 服务器地址。设置完成后，尝试访问数个主流网站，并测试收发电子邮件、登录 QQ 和网络游戏平台，均已恢复正常。

项目实训 1　认识计算机故障

本实训将帮助用户熟悉计算机故障的基本特点与表现形式。由于计算机故障的产生具有一定的特殊性与不可预测性，因此建议用户结合具体的计算机设备、辅助工具或相关软件进行模拟。

【实训目的】

模拟常见的计算机故障，便于用户对计算机故障有一个直观了解。

【实训准备】

本实训需准备一台实训计算机、一个电源排插和相关维修工具。

【实训过程】

STEP 1　通电开机，观察计算机在启动过程中是否出现异常情况，比如屏幕不显示、蓝屏死机、发出报警音、屏幕显示错误提示信息等。如果发现上述问题，请将相关问题的症状记录下来。

STEP 2　分别拔掉显示器的数据线与电源线，逐次观察显示器将会出现何种现象，指示灯的颜色变化如何，并思考在屏幕没有显示的情况下，如何判别这是主机出现问题还是显示器出现问题。

STEP 3　关闭计算机电源，打开机箱侧板盖，将内存条取出，然后通电开机测试，观察计算机会有何种症状表现，计算机是否发出警报声音。测试完毕后将内存安装回原位，保持计算机的完好，并将故障症状记录下来。

STEP 4　用同样的方法，将硬盘的电源线或数据线拔除，并开机观察屏幕上是否出现故障提示信息，然后将故障症状记录下来。

对于上述各项故障模拟测试，用户在获得第一手材料的基础上，可通过请教任课老师或上网查阅等方式，尝试找到这一问题的可能原因及解决方法。

项目实训2　诊断与修复常见的计算机故障

尝试分析并排除几种计算机故障，完善故障排除的相关知识，并将所学知识与所得经验应用于生活实践中。

【实训目的】

熟悉计算机故障的分析判断、原因归纳以及常用的处理方法。

【实训准备】

本实训需准备一台实训计算机、一个电源排插和相关维修工具。

【实训过程】

STEP 1　分析、诊断、排除一次主机类（重点为主板、内存、硬盘、显卡、电源等配件）故障，并将实践过程记录下来。

STEP 2　分析、诊断、排除一次外设类（重点为键盘、鼠标、光驱、显示器、打印机、移动存储设备等）故障，并将实践过程记录下来。

STEP 3　分析、诊断、排除一次软件类（操作系统或应用软件）故障，并将实践过程记录下来。

STEP 4　分析、诊断、排除一次网络类（局域网访问或上网冲浪）故障，并将实践过程记录下来。

项目 7

配置与选购计算机产品

职业情景导入

随着业务的扩展和员工的增加，公司需要采购一批计算机产品，以满足不同部门的使用需求。老王决定带领阿秀完成计算机配置和选购的任务。

老王：阿秀，这一次采购的计算机种类和型号比较多，你打算如何规划呢？

阿秀：因为有多个部门要使用，他们对计算机的配置要求可能也不一样，我想还是先具体了解各部门的使用需求，再制订详细的选配方案吧。

老王：你的思路很好！只有掌握用户的具体需求，才能为用户提供最合适的产品，下面我们就按照这个思路开展工作吧！

知识学习目标

- 了解组装机和品牌机的应用需求及功能特点
- 熟悉组装机和品牌机的配置思路及选购方法
- 掌握各种不同使用场合下的计算机选配方案

技能训练目标

- 能够面向用户需求制订性价比高的装机方案
- 能够根据具体的使用环境选配合适的计算机
- 能够和用户良好沟通，有效提高用户满意度

计算机各类配件都有其自身的功能特点，同一种配件在性能和质量方面也存在一定的差别，通常会分为高端、中端和低端三种档次，因此计算机的硬件配置也会灵活多样。

本项目将计算机的使用环境大致划分为4类：商务办公应用、家庭娱乐应用、游戏体验应用和专业设计应用。在此基础上，分别拟定3套兼容机和3套品牌机的配置方案，并对每一种配置方案做出简要分析，以供读者参考。

7.1 按需定制组装机

组装机允许用户根据个性爱好和实际需要进行灵活的定制化配置（俗称DIY），并具备较好的兼容性与可扩展性，可满足各种弹性硬件搭配需求，同时也能更好地控制购机预算。

7.1.1 定制办公型计算机

（1）使用需求分析

通常来说，企业日常的办公事务对计算机的性能要求并不高，企业用户更注重的是系统运行的稳定性、可靠性和节能性，因此可采用性价比相对较高的处理器、主板、硬盘、电源、CPU核显或板载集显，整机价格应维持在中档水平。

表7-1为推荐的一款办公型计算机配置方案。

表7-1 办公型计算机配置方案

配件名称	品牌与型号	基本性能参数	参考报价
CPU	Intel 酷睿i3 9100（盒装）	第9代酷睿节能处理器，四核心/四线程，14nm制造工艺，LGA 1151型接口，3.6GHz主频，6MB三级缓存，内置HD630核芯显卡（支持4K显示），最大支持64GB DDR4 2400内存，TDP功耗为65W	1049元
主板	华硕PRIME B365M-K	Micro ATX板型，采用Intel B365芯片组和LGA 1151型CPU插槽，支持第9代Core i7/i5/i3/Pentium处理器，提供2条DDR4 2666双通道内存插槽（最大支持32GB）、3条PCI-E 3.0显卡插槽和6个USB 3.0接口，6相供电模式	749元
内存	金士顿骇客神条FURY	DDR4 2400MHz内存，8GB容量	259元

续表

配件名称	品牌与型号	基本性能参数	参考报价
机械硬盘	西部数据蓝盘	西数蓝盘系列，1TB 容量，64MB 缓存，7200rpm 转速，SATA 3.0 接口，单碟容量 1000GB	372 元
固态硬盘	Intel 540S	Intel 固态硬盘，240GB 容量，SATA 3.0 接口，TLC 三层单元，读/写速度分别为 560MB/s 和 480MB/s，5 年质保	449 元
显卡	集成	采用 CPU 核显和板载集显	0 元
显示器	飞利浦 223S7EHSB 商务办公型	21.5 英寸 LED 背光显示器，采用 IPS 面板，屏幕比例为 19：6，动态对比度为 20000000：1，亮度 250cd/m²，最佳分辨率为 1920×1080（单位：像素），支持 1080P 全高清显示，灰阶响应时间为 5ms，可视角度为 178°，附带 VGA 和 HDMI 接口	799 元
机箱和电源	金河田商祺 8531B（带电源）	立式机箱（中塔），适合 ATX 和 Micro ATX 板型，搭配金河田 ATX-355WB 电源，电源功率 355W，内置 4 个 3.5 英寸硬盘仓位和 1 个 5.25 英寸光驱仓位，支持防辐射	270 元
键盘和鼠标	双飞燕 KB-N9100 针光键鼠套装	光电型有线键鼠套装，USB 接口，符合人体工学特点。键盘为 104 键，1000 万次按键寿命，中档按键行程；鼠标采用 5 键双向滚轮与无孔技术，1600dpi 分辨率	99 元
光驱	华硕 SDRW-08D2S-U	外置型 DVD 刻录机，采用 USB 2.0 接口，1MB 缓存，支持 8X DVD±R/DVD±RW 读/写速度和 24X CD±R/CD±RW 读/写速度，便于单位内员工刻录资料与制作光盘所用	249 元
合计价格：4295 元			
备注：上述报价，仅供参考。			

（2）配置方案点评

这款计算机主要满足日常办公需求，具有性价比高、稳定性好、实用性强等特点，主要特点有：

- 采用 Intel 第 9 代 i3 节能处理器，四核心及 3.6GHz 主频可保障快速处理办公业务，14nm 制程工艺和 HD630 核芯显卡让办公更为稳定和高效，可满足一般性的图像显示需要。
- 搭配功耗更低、性能更强的 DDR4 内存，能够流畅运行办公管理软件。
- 240GB 固态硬盘有效提高开机和软件运行速度。1TB 容量机械硬盘可满足企业办公和生产经营资料的存放需要。
- DVD 刻录机便于刻录备份重要的数据，或者制作企业宣传光盘，并能够长期保存数据。
- 21.5 英寸商务型 LED 背光显示器能提供良好的视觉感受。

7.1.2 定制娱乐型计算机

（1）使用需求分析

家庭娱乐消遣对计算机的运行性能和使用体验都有一定的要求，但又往往存在购机预算的限制，因此大多数家庭用户会比较注重产品的性价比，期望用合理的价格挑选主流的硬件配置。

表7-2为推荐的一款娱乐型计算机配置方案。

表7-2 娱乐型计算机配置方案

配件名称	品牌与型号	基本性能参数	参考报价
CPU	AMD Ryzen 5 2400G（盒装）	第2代Ryzen 5处理器，四核心/八线程，14nm制造工艺，Socket AM4接口，3.6GHz主频，4MB三级缓存，内置Radeon Vega 11核芯显卡，最高支持DDR4 2933MHz内存，TDP功耗为65W	1199元
主板	铭瑄 MS-B350FX Gaming PRO	ATX型大板，采用AMD B350芯片组和Socket AM4插槽，支持AMD Ryzen系列处理器，带有4条DDR4双通道内存插槽（最大支持64GB）、6条PCI-E 3.0显卡插槽、4个SATA 3.0接口、2个M.2接口和6个USB 3.0/3.1接口，6相供电模式	699元
内存	金士顿 骇客神条FURY	DDR4 2400MHz内存，8GB容量	259元
机械硬盘	希捷Barracuda 3TB	希捷Barracuda主流台式硬盘，3TB容量，64MB缓存，7200rpm转速，SATA 3.0接口，单碟容量1000GB	485元
固态硬盘	三星850 EVO SATA3（250GB）	采用三星MGX主控芯片，250GB存储容量，SATA 3.0接口（6Gbps），读/写速度分别为540MB/s和520MB/s，平均无故障时间为150万小时	589元
显卡	集成	采用CPU核显和板载集显	0元
显示器	优派VX2476-smhd 家用护眼型	23.8英寸LED背光显示器，采用AH-IPS面板材质和时尚超薄机身设计，屏幕比例为19：6，动态对比度为80000000：1，亮度250cd/m^2，最佳分辨率为1920×1080（单位：像素），支持1080P全高清显示，灰阶响应时间为4ms，可视角度为178°，附带VGA、HDMI和Display Port接口	889元
机箱	先马卡萨丁	立式机箱（中塔），适合ATX和Micro ATX板型，下置电源位，内置3个3.5英寸硬盘仓位、1个5.25英寸光驱仓位和4个2.5英寸固态硬盘仓位，支持防辐射和背部走线，兼容SSD硬盘，机身侧透	229元
电源	先马金牌500W	12V ATX非模组电源，额定功率500W，12cm静音风扇，20+4pin主板接口，转换效率达91%， 80PLUS金牌认证	289元
音箱	麦博M-200	2.1声道低音炮音箱，木质箱体材料，额定功率40W，信噪比75dB，频率响应范围35Hz～20kHz	199元

续表

配件名称	品牌与型号	基本性能参数	参考报价
键盘和鼠标	达尔优 EK812T 键鼠套装	竞技游戏型人体工学键鼠套装，USB 接口。键盘为 116 键机械轴结构，5000 万次按键寿命，6 色混光 LED 灯效；鼠标采用 4 键双向滚轮，4 挡分辨率调节，3000dpi 分辨率，幻彩灯效	279 元
光驱	华硕 SDRW-08D2S-U	外置型 DVD 刻录机，采用 USB 2.0 接口，1MB 缓存，支持 8X DVD±R/DVD±RW 读/写速度和 24X CD±R/CD±RW 读/写速度	249 元
合计价格：5365 元			
备注：上述报价，仅供参考。			

（2）配置方案点评

该方案以性价比与实用性搭配为考量目标，很好地兼顾了家用计算机对于核心性能与整机价格之间的平衡取舍，同时在图像品质、显示效果以及影视播放流畅性方面均有所侧重。其产品特点简述如下：

- 处理器采用 AMD Ryzen 5 2400G，秉承 Zen 架构一贯优异的浮点运算性能和图形处理能力，拥有 4 个原生核心和 8 个处理进程，并内置了 1250MHz 主频的 Radeon Vega 11 核芯显卡，图形运算性能堪比中档的独立显卡，用户无须额外购买独显也能获得较好的影视观赏和游戏娱乐体验。
- 8GB DDR4 内存和 250GB 固态硬盘能有效提升系统启动、软件运行和数据存取的速度，使计算机的运转更为流畅。
- 23.8 英寸 LED 背光显示器支持 1080P 高清画面显示，能给用户带来令人愉悦的画质感、广视角视野和观赏舒适度，附带的 HDMI 和 Display Port 端口可用来传输高清图像数据。
- 机箱提供充足的机械硬盘和固态硬盘仓位，支持背部走线，外观稳重并带有时尚的侧透设计。500W 额定功率的电源不仅能带起功耗较大的主流配件，也为将来 CPU 超频或增添独立显卡留出了充足的余量。
- DVD 刻录机便于用户刻录数据以及制作音乐、影视或游戏光盘，或者从正版光盘中安装软件。

7.1.3　定制游戏型计算机

（1）使用需求分析

随着 VR 游戏与次世代游戏的盛行，用户对计算机性能的要求也越来越高，不仅要配置性能更强大、架构更出色的 CPU 与 GPU，主板、内存、硬盘、显示器等部件也要随之提升档次。

表 7-3 为推荐的一款游戏型计算机配置方案。

表 7-3　游戏型计算机配置方案

配件名称	品牌与型号	基本性能参数	参考报价
CPU	AMD Ryzen 7 3700X（盒装）	采用 Zen 2 架构的原生八核心/十六线程，7nm 制造工艺，Socket AM4 接口，3.6GHz 主频，可动态加速至 4.4GHz，32MB 三级缓存，支持 DDR4 3200MHz 双通道内存，TDP 功耗为 65W	2599 元
主板	技嘉 X470 AORUS GAMING 7 WIFI	ATX 型大板，采用 AMD X470 芯片组和 Socket AM4 插槽，支持 Ryzen 系列处理器，带有 4 条 DDR4 双通道内存插槽（最大支持 64GB）、5 条 PCI-E 3.0 显卡插槽、2 个 M.2 接口、6 个 SATA 3.0 接口和 10 个 USB 3.0 接口，支持蓝牙 5.0 和双卡四芯交火技术，12 相供电	2999 元
内存	芝奇 Trident Z RGB（幻光戟）	游戏型 DDR4 内存，32GB 容量（2×16GB），3000MHz 主频，双通道内存套装	2599 元
机械硬盘	HGST 7K6000 6TB	HGST 7K6000 高性能台式硬盘，6TB 容量（单碟容量 1200GB），128MB 缓存，7200rpm 转速，SATA 3.0 接口，平均无故障时间约 200 万小时	1399 元
固态硬盘	Intel 545S（512GB）	采用 Silicon Motion SM2259 主控芯片和 Intel 第 2 代 3D TLC 闪存颗粒，64 层堆叠设计，512GB 存储容量，SATA 3.0 接口（6Gbps），读/写速度分别为 550MB/s 和 500MB/s，平均无故障时间为 160 万小时	879 元
显卡	七彩虹 iGame GeForce RTX 2080 Advanced OC（配置 2 个组建双路显卡交火）	采用 NVIDIA GeForce RTX 2080 芯片、12nm 制造工艺和 8GB GDDR6 显存，支持光线追踪特效，最大分辨率为 7680×4320（单位：像素），内置 PCI-E 3.0 16X 显示总线、DirectX 12.1、NVIDIA SLI 交火和 VR Ready 技术，三风扇+热管散热	5699 元（2 个共 11398 元）
显示器	AOC AG273QCG 游戏电竞型	27 英寸 LED 背光型曲面显示器，采用 TN 面板材质和游戏特色机身设计，屏幕比例为 19:6，动态对比度为 80000000:1，亮度 400cd/m²，165Hz 刷新率，最佳分辨率为 2560×1440（单位：像素），支持 1080P/2K 全高清画质，灰阶响应时间为 1ms，可视角度为 170°/160°，附带 DVI、HDMI 和 Display Port 接口	4499 元
机箱	先马方舟	立式游戏机箱，采用亚克力材质，适合 ATX、MATX 和 ITX 板型，下置电源位，内置 3 个机械硬盘仓位、2 个光驱仓位、6 个固态硬盘仓位和 8 个扩展插槽，支持防辐射和背部走线，兼容 SSD 硬盘，机身玻璃侧透，具备光污染效果	539 元
电源	航嘉 MVP K650	全模组游戏电源，额定功率 650W，14cm 液压静音风扇，提供 20+4pin 主板接口及 2 个显卡接口，转换效率为 92%，80PLUS 金牌认证	659 元
音箱	惠威 GT1000	2.1+1 声道桌面游戏低音炮音箱，包含一个超重低音炮、两个卫星箱，以及一个独立功放单元。6.5 英寸扬声器口径，木质箱体材料，额定功率 33.6W，信噪比 90dB，灵敏度 450mV，频率响应范围 50Hz～20kHz，支持蓝牙功能	780 元

续表

配件名称	品牌与型号	基本性能参数	参考报价
盘和鼠标	雷蛇酷黑特别版游戏外设套装	光电有线竞技类外设套装，USB 接口，人体工学设计。104 键机械轴键盘，三色自定义灯光系统，虚拟环绕声引擎，8000 万次按键寿命；5 键双向滚轮鼠标，3500dpi 分辨率，支持背光和呼吸。另外还配套专属游戏耳机与游戏鼠标垫	749 元
光驱	索尼 BDX-S600U 蓝光刻录机	外置型蓝光刻录机，采用 USB 2.0 接口，5.8MB 缓存，支持 8X DVD ±R/DVD±RW 读/写、24X CD±R/CD±RW 读/写和 6X BD-R/BD-R DL 读/写	650 元
合计价格：29749 元			
备注：上述报价，仅供参考。			

（2）**配置方案点评**

该方案将目前流行的数据运算和图形处理技术结合起来，既保障了海量浮点运算所需的性能，也强化了全高清画质处理的效能和画面细节的呈现品质，即便在很多苛刻的游戏运行环境中也能表现出色。其产品特点简述如下：

- 基于 AMD Zen 2 架构的 7nm Ryzen 7 3700X 处理器拥有非常强劲的性能，内置原生八核心/十六线程的高端运算能力，不仅速度快，单核性能强，功耗和发热量低，稳定性也比较好，可进行超频增速，32MB 的三级缓存对于游戏的流畅运行也很有帮助。
- 主板采用 AMD 高性能的 X470 芯片组，功能齐全，扩展性强，品质做工也较好，能为计算机系统提供稳定且强有力的底层支撑。
- 芝奇 Trident Z RGB（幻光戟）32GB 双通道 DDR4 游戏型内存，运行性能较高，并支持高层次超频。这款内存还采用独树一帜的游戏设计元素与光污染特效，通过专属软件可控制与变换多达 10 种流光灯呼吸效果，具备较强的视觉震撼感、效能体验感和超频可玩性。
- 固态硬盘采用 64 层堆叠设计与 Intel 第 2 代 3D 闪存颗粒，512GB 存储容量，能流畅运行大型游戏，而 6TB 机械硬盘可用来存储高清影视剧和歌曲。
- 两块发烧级 NVIDIA GeForce RTX 2080 显卡组成双路交火模式，能够发挥出强大的图形处理性能，并支持最流行的光影追踪技术，对于抗锯齿、光线同步、阴影柔和变化等各种游戏特效的展现都较为理想。此外再搭配 27 英寸游戏型 LED 曲面显示器，用户能够获得优质的游戏画面、快速的高清视频传输和足够大的屏幕可视面积，大大提升了游戏娱乐和电影观赏的体验感。
- 机箱做工和材质较好，辐射屏蔽能力强，机箱内散热系统设计合理，机身双面侧透，并带来游戏光污染效果。电源的额定功率达 650W，输出功率强劲，转化效率高，散热能力及静音效果也比较好。
- 音箱选用超低音炮加独立功放的组合产品，低音频道饱满，重放质量高，适合游戏和电影声音还原。键盘、鼠标、耳机均为游戏竞技类套装产品，灵敏度高，耐用性强，符合人体工学特点，并设计了游戏专用的按键、背光和呼吸效果，增强了游戏娱乐时的体验感和代入感。

7.2 按需选配品牌机

品牌机由专业计算机制造商进行设计、装配、调试，并依据统一的服务标准为客户提供产品售后保障。品牌计算机在稳定性、安全性、易用性等方面拥有较大的优势，其售后服务也比较完善和高效，能够降低计算机在购买后的维护难度，当然其售价也要比同档次的组装机高一些。

7.2.1 选配日常办公型品牌机

表 7-4 列出了一款商用台式机（联想扬天 T4900v）的参考配置，能满足企业员工对于日常办公及处理商业事务上的需求，价格也处于中档水平。该款台式机如图 7-1 所示。

表 7-4 联想扬天 T4900v 商用台式机配置方案

配件名称	型号与基本参数
CPU	Intel 酷睿 i5 8500，六核心/六线程，3.0GHz 主频（可动态加速至 4.1GHz），9MB 三级缓存，14nm 工艺，支持 Intel 博锐技术
内存	8GB DDR4 2666MHz 内存
硬盘	1TB 7200rpm 机械硬盘
显卡	NVIDIA GeForce GT 730 独显，1GB 显存
显示器	23 英寸 LED 低蓝光显示器
机箱和电源	厂商标配，180W 额定功率，带热插拔硬盘仓
键盘和鼠标	厂商标配，USB 接口，浮岛式键盘，光电鼠标
网卡	集成千兆网卡
光驱	DVD 刻录机
I/O 接口	10 个 USB 接口、声卡接口、RJ45 接口、VGA/HDMI/视频接口等
操作系统	预装 Windows 10 64 位系统，整机三年质保
参考价格：5399 元	
备注：上述报价，仅供参考。	

图 7-1 联想扬天 T4900v 商用台式机

7.2.2 选配图像设计型品牌机

如表 7-5 所示为一款设计类品牌机（Apple iMac MRR12CH/A）的参考配置，采用苹果 iMac 一体式计算机，如图 7-2 所示。苹果公司出色的工业设计和软硬件产品开发能力，以及对于设计类和娱乐类用户的精准定位，使得 iMac 计算机具备独特的设计、商务和娱乐性能，在功能应用和画面视觉效果上都别具一格，适合各类高端和时尚消费者所用。

表 7-5 Apple iMac MRR12CH/A 设计类一体机配置方案

配件名称	型号与基本参数
CPU	Intel 第 9 代酷睿 i5 9600K，六核心/六线程，3.7GHz 主频（可动态加速至 4.6GHz），9MB 三级缓存，14nm 工艺
内存	DDR4 8GB 2666MHz
硬盘	2TB 融合硬盘
显卡	AMD Radeon Pro 580X 独显，8GB 显存
显示器	27 英寸视网膜 5K 广色域显示器，5120×2880 分辨率，支持 10 亿色彩，FaceTime 高清摄像头，雷雳 3 数字视频输出
机箱和电源	厂商标配
键盘和鼠标	妙控键盘、妙控鼠标、妙控板
网卡	802.11 a/b/g/n 无线网卡、板载集成网卡、蓝牙 4.2 无线技术
I/O 接口	4 个 USB 3.0 接口、千兆 RJ45 接口、Thunderbolt 3 视频接口等
操作系统	预装 Mac OS Mojave 系统
参考价格：18200 元	
备注：上述报价，仅供参考。	

图 7-2　Apple iMac MRR12CH/A 设计类一体机

7.2.3　选配专业工作型品牌机

如表 7-6 所示为一款移动式图形工作站（戴尔 Precision 7730）的硬件配置，采用 Intel 至强 E5 服务器级 CPU、带 ECC 校验的 32GB DDR4 内存和 2TB 高速固态硬盘，另外还搭配 NVIDIA Quadro P4200 专业级图形处理卡，具备强大的浮点运算性能和优异的图形处理能力，如图 7-3 所示。

表 7-6　戴尔 Precision 7730 移动图形工作站配置方案

配 件 名 称	型号与基本参数
CPU	Intel 至强 E-2186M，六核心/十二线程，2.9GHz 主频（可动态加速至 4.8GHz），12MB 三级缓存，14nm 制造工艺
内存	DDR4 32GB 2666MHz
硬盘	2TB M.2 NVMe PCIe 固态硬盘
显卡	NVIDIA Quadro P4200 专业级图形卡，8GB GDDR5 显存
显示器	17.3 英寸 FHD 高清显示屏
键盘和鼠标	厂商标配
网卡	AC 9620 802.11 AC 无线网卡，支持蓝牙 5.0 技术
操作系统	预装 Windows 10 专业版（64 位）系统，整机 3 年上门质保服务
参考价格：49800 元	
备注：上述报价，仅供参考。	

这款图形工作站可应用于具有较高要求的专业制作环境，如 3D 建模、工程制图、游戏开发、动画绘制、视觉渲染、影视编辑、高保真声效合成等复杂数字内容的处理，以及沉浸式虚拟现实的设计工作，同时也便于携带使用。

图 7-3 戴尔 Precision 7730 移动图形工作站

7.3 选配笔记本电脑

笔记本电脑在硬件组成方面和台式机相似，但其各个部件较为小巧、紧凑，整个主机系统进行了高度集成与整合，机身重量通常在 1～3kg。另外在操作方式上，笔记本电脑也与台式机有较大的区别。

7.3.1 笔记本电脑的组成结构

由于受到机身体积及散热要求的限制，笔记本电脑的各类部件都进行了专门设计，主要由外壳、主板、处理器、内存、硬盘、显卡、显示屏、电池、电源适配器、键盘等部件组成。

（1）笔记本外壳

笔记本电脑的外壳不仅能保护机体内部元件不受外界损害，同时也是影响笔记本机身重量、耐用程度、操作舒适性和整机散热效果的重要因素。

目前笔记本电脑常用的外壳材料有 ABS 工程塑料、铝镁合金、钛合金、碳纤维复合材料等，其中 ABS 工程塑料和铝镁合金材料主要用于主流笔记本、超极本的外壳加工，钛合金和碳纤维复合材料则多用于制造高档型笔记本电脑。

（2）笔记本主板

主板是笔记本电脑最为关键也是最为复杂的部件，其质量的优劣直接决定了笔记本电脑的整机性能表现。笔记本主板往往采用一种被称为“All-In-One”的单一板材设计模式，主板上面集成了各类芯片、插槽和接口等硬件模块。笔记本主板需具备较高的制造结构工艺，才能在狭隘的空间内保持良好的稳定性。图 7-4 所示为一款笔记本主板。

图 7-4　笔记本主板

（3）笔记本处理器

处理器是笔记本电脑最核心的部件，对运算性能和工艺水平的要求较高。目前笔记本处理器主要以 Intel 产品为主，涵盖了高端的 Xeon E3/E5 系列、主流的 Core i7/i5/i3 系列、入门级的 Pentium/Celeron 系列等各类型号。AMD 则推出了以 Ryzen 为旗舰级平台、以 APU A12 和 A10 为主流平台、以 APU A9 和 A8 等入门级产品为一体的移动产品线。图 7-5 所示为一款笔记本处理器。

图 7-5　笔记本处理器

（4）笔记本内存

由于笔记本电脑设计精密，整合化程度很高，因此笔记本内存也具备体积小巧、速度快、容量大、散热好、耗电低等特点。

笔记本内存主要以 DDR3L 和 DDR4 内存为主，DDR3L 即“低电压版 DDR3 内存”，其工作电压从标准版的 1.5V 降低至 1.35V，而功耗则降低了 20%以上，并保持良好的运行稳定性。图 7-6 所示为一款笔记本内存。

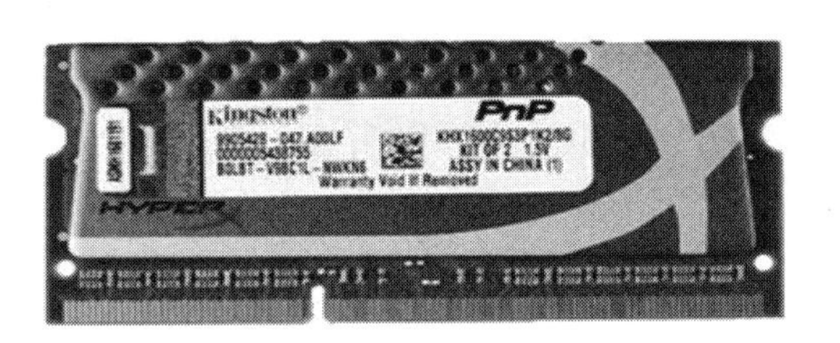

图 7-6 笔记本内存

（5）笔记本硬盘

笔记本硬盘在结构原理方面与台式硬盘相似，但体积更加小巧和纤薄，同时具备更好的便携性、可靠性、抗震性、功耗限制与噪声控制能力。图 7-7 所示为一款笔记本硬盘。

图 7-7 笔记本硬盘

笔记本硬盘一般采用 2.5 英寸、1.8 英寸乃至更小的尺寸设计，分为 7mm、9.5mm 和 12.5mm 三种规格。其中 7mm 厚度为超薄型硬盘，主要用于超极本、超薄本等超便携型设备；9.5mm 厚度为标准型硬盘，多用于商务本、影音本等传统的笔记本电脑；而 12.5mm 厚度则属于早期产品，现在已很少生产了。

由于自身存在诸多不足，笔记本硬盘已很难跟上时代发展的需要，而读/写速度更快、性能更为优异的固态硬盘和混合硬盘在逐渐取代传统的机械式硬盘。

（6）笔记本显卡

显卡是实现笔记本电脑轻便与性能兼顾的关键因素之一，包括集成显卡和独立显卡两大类。

集成显卡具有功耗低、发热量小、稳定性好、能够延长续航时间等优点，部分集显甚至可媲美中档的独显产品，其性价比也非常突出，常用于学生型、家用型、商务型和时尚超薄型笔记本电脑。

独立显卡拥有单独的显存，可提供更高的图形运算性能和更强的显示效果，有助于提升 3D 娱乐体验与图形设计水平，但独显发热量与功耗量较大，用户也要花费更多的购买资金。

笔记本显卡主要有Intel、NVIDIA和AMD三大品牌，其中NVIDIA GeForce系列、AMD Ryzen/Radeon R系列以及Intel HD Graphics/Iris Graphics系列是具有代表性的型号。图7-8所示为一款笔记本显卡。

图7-8　笔记本显卡

（7）笔记本显示屏

显示屏如同笔记本电脑的窗口，其输出质量和显示效果直接影响用户使用笔记本的观感体验。笔记本显示屏尺寸一般有11.6英寸、12.5英寸、13.3英寸、14.1英寸、15.6英寸、17.3英寸等规格。

13.3英寸以内的显示屏一般用于便携式笔记本电脑；14.1英寸是目前广泛使用的显示屏，适合大多数普通用户的使用需要；15英寸显示屏往往用于台式机替代型笔记本，它比小尺寸的显示屏具有更好的画面呈现效果；17英寸以上则属于超大型显示屏规格，多用于移动图形工作站和移动视频处理平台等专业设备。

图7-9所示分别为11.6英寸、13.3英寸与15.6英寸屏幕的笔记本电脑。

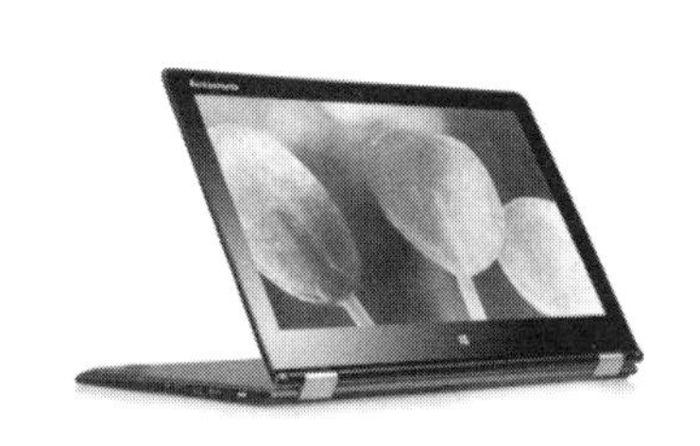

图7-9　不同尺寸的笔记本屏幕

（8）笔记本电池

笔记本电池属于一种可充电式电池，分为镍镉（Ni-Cd）电池、镍氢（Ni-MH）电池、锂离子（LiB）电池和锂聚合物（LiP）电池等几种，其中锂离子电池和锂聚合物电池为市场上主流的电池类型。

大多数普通笔记本电脑采用的是锂离子电池（见图7-10），有些高档的商务本、超极本或超薄型时尚本则会使用锂聚合物电池（见图7-11），这种电池具有充电速度快、循环使用寿命长、稳定性与安全性较好等特点。

图 7-10 锂离子电池

图 7-11 锂聚合物电池

（9）笔记本键盘

键盘作为笔记本电脑主要的输入设备，可分为巧克力式键盘、改良式巧克力键盘、平面浮萍式键盘、弧面浮萍式键盘、阶梯浮萍式键盘、平面孤岛式键盘、弧面孤岛式键盘等类型。

目前，市场上主流笔记本电脑大多采用孤岛式键盘，通过键盘的一体式设计，不仅更能表现笔记本产品的整体感，在进行录入、编辑等快速击键操作时也能提供很好的舒适体验。

7.3.2 笔记本电脑的选购指南

目前，笔记本电脑市场上产品形态和型号众多，性能搭配和功能配置各有特色，用户在购机时可参考以下事项。

选购要点之一 定位购机用途及可承受的价格

笔记本电脑有其鲜明的功能区分、性能差别和市场定位，这就需要用户事先明确自己的购机用途，进而选择合适的产品。

市场上笔记本电脑的价格档次大致可分为入门级别（价格在 4000 元以内）、中档产品（价格在 4000～8000 元），以及 8000 元以上的高档机型，用户应根据自己的消费能力来进行选购。

选购要点之二 屏幕尺寸的选择需因人而异

屏幕尺寸是用户选购笔记本电脑比较关心的一个问题。通常来说，需经常在固定场所处理事务的用户可选择 15 英寸及以上的大尺寸笔记本；13.3 及以下尺寸的笔记本由于具有机身轻便、外观设计时尚等特点，可满足很多用户对便携性和时尚性的要求；而 14 英寸既平衡了办公和娱乐的需要，轻薄的机身设计也便于随身携带使用，因此比较适合大众用户。

选购要点之三 企业品牌与产品口碑是保障

市场上笔记本电脑厂商众多，主要分为内地品牌、台系品牌和国外品牌三大类。我国内地比较知名的笔记本品牌有联想、ThinkPad、神舟、方正、清华同方、海尔等；台系品牌中则以华硕、宏碁、微星、技嘉、Terrans Force（未来人类）等厂商为代表；而在国外的笔记本厂商中，惠普、戴尔、苹果、微软、三星、LG、东芝、索尼等都是知名度较高的主流品牌。

7.3.3 笔记本电脑的保养和维护

笔记本电脑既要重视外表的保养，也要注意相关零部件的保养。笔记本电脑保养得好，才能有效延长其工作寿命，使用效果也会更佳。下面简述几点笔记本电脑日常保养和维护的方法。

（1）笔记本显示屏的保养和维护

显示屏是笔记本电脑非常重要的部件，在平常使用时不要将屏幕亮度调得太高，在合上笔记本电脑时，一定要先确认键盘上没有遗留东西。如果显示屏需要清洁，尽量不要直接用湿布来擦，可使用专门的液晶屏清洁剂与清洁布擦拭，然后自然晾干即可，如图 7-12 所示。

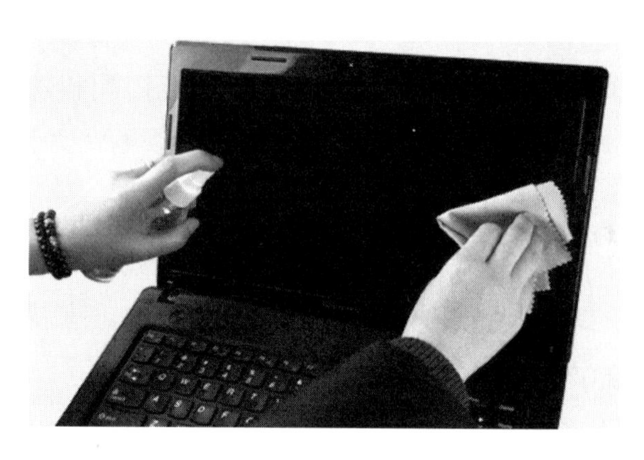

图 7-12 使用清洁工具擦拭笔记本屏幕

（2）笔记本电池的保养和维护

笔记本电池的保养比较讲究，尤其是要注意对电池进行保养性的充/放电。笔记本在使用过程中，尽量不要在电池还含有较多电量时就继续充电，应在电量接近用完之时再充电，在闪电、雷雨天气时切勿给笔记本电脑充电。此外，即使长期不使用电池，也要定期（如每个月）对电池充/放电一次，用干净电量之后再充满电池，然后放到纸盒里，置于阴凉处保存，以避免锂离子失去活性。

（3）笔记本键盘的保养和维护

键盘是用户直接接触笔记本电脑最多的部件，在使用过程中要注意加以保护。比如，在敲打键盘时不能太用力，以免导致键盘失灵，也不要边吃零食边玩笔记本电脑，因为零食粉末、细小颗粒物、水、饮料或油容易吸进笔记本中，增大笔记本电脑清洁的难度，同时也会破坏触摸板环境的洁净。

笔记本键盘在长时间使用后，在内部难免会积聚杂物，有时还会造成按键卡死或损坏，因此需要定期予以清洁。在进行清洁时可使用干净柔软的毛刷，轻轻地清扫按键、键盘周边及键盘缝隙，也可以使用类似橡皮泥的专用清洁胶来清理，如图 7-13 所示。

图 7-13 清洁笔记本键盘

（4）笔记本外壳的保养和维护

笔记本电脑的外壳是相对比较坚固的，但是在移动或携带过程中容易遭受外物挤压或划伤，因此平时应避免笔记本发生磕碰，尤其要避免尖锐或较硬的物体接触笔记本外壳，也不能让外壳沾染刺激性或腐蚀性液体。若需要清洁笔记本外壳，可将干净、柔软的湿布拧干水分后进行擦拭，当然最好还是用软布蘸上专门的清洁剂进行清洁。

（5）养成良好的笔记本使用习惯

良好的使用习惯能有效延长笔记本电脑的寿命期限，减少各种故障的发生。用户平常在使用笔记本电脑时，应注意以下几点事项。

① 在关闭笔记本电脑时，切勿贪快求方便而直接强制关机或断电关机，这对笔记本硬盘的伤害非常大。

② 不要让笔记本电脑在震动较大的环境下使用。如放在膝盖上或在颠簸行驶的车内使用就容易造成笔记本的不平衡，影响硬盘的正常运转，要尽量放到桌子上或平稳固定的东西上。

③ 移动笔记本电脑时要轻拿轻放，避免摔磕和震荡。如果需要将笔记本电脑移动到较远的地方，务必要在关机后放进专用的笔记本携带包，这类专用包内部一般都经过了特殊的减震处理，可最大限度地保障笔记本硬件的安全。

项目实训　DIY 选配一台计算机

本实训任务至少需要两名学生协作完成（小组合作法），其中一名学生充当计算机销售人员，另一名学生充当客户。

假设客户想要 DIY 配置一台学生用的台式机，预算大约为 6000 元。除了要满足办公应用、上网冲浪和观看高清影片等日常需要外，还要流畅运行 Photoshop、CorelDRAW 等设计软件以及常见的 3D 游戏。

【实训目的】

通过计算机营销模拟实践，掌握计算机的选配和购置方法。

【实训准备】

本实训需准备一台能联网的实训计算机。

【实训过程】

STEP 1　详细分析客户实际的计算机使用需求，确定对该用户影响最大的硬件性能指标。

STEP 2　将所有需选购的部件列成计算机配置清单。

STEP 3　登录太平洋电脑网、中关村在线网或京东网等主流 PC 产品信息网站，了解目前的配件供求行情与计算机硬件发展趋势。

STEP 4　根据客户的需求，选择性能与价格较为合理的硬件产品，同时将配件的品牌、型号、主要性能参数及市场售价填入配置清单。每一种配件可挑选 2 ~ 3 个符合客户需求的产品，以便于最后进行产品的对比与筛选。

STEP 5　在客户可接受的预算范围内，配置一台合适的计算机，然后与客户共同确定该计算机的硬件性能与整机价格。当然，如有必要，也可根据客户的意见做一些局部调整。

项目 8

计算机技术应用综合实训

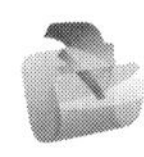

职业情景导入

作为 IT 助理技术员，阿秀负责解决公司内部计算机方面的问题，比如为公司选购和安装计算机产品，保养和维护计算机设备，处理计算机故障请求等。老王也经常带领并指导阿秀开展相关的职业训练。

老王：这段时间工作会比较忙。新采购的计算机配件要尽快安装成整机，本季度的设备巡检和维护也要开始了。另外，近几天计算机故障处理请求也比较多，我们要抓紧时间完成。

阿秀：没问题，我会尽快适应工作，独立完成交给我的各项任务！

知识学习目标

- 熟悉计算机拆卸与安装的操作方法
- 熟悉计算机的硬件搭配与选购方法
- 熟悉计算机硬件保养与维护的基本方法
- 熟悉计算机一般性故障的诊断与处理过程

技能训练目标

- 能够独立拆、装计算机硬件
- 能够独立保养和维护计算机硬件
- 能够独立处理简单的软、硬件故障
- 能针对不同需要选配合适的计算机

本项目将结合企业内部计算机维护工作要求，对计算机拆卸与安装、计算机产品在线选配、计算机设备巡检维护、计算机故障诊断与排除等内容进行模拟实训，以提高学生的计算机应用能力与职业素养。

综合实训1　拆卸并组装一台计算机

【实训要求】

本实训需根据所学的相关知识，正确地完成计算机拆卸与组装两个操作过程。在实训的过程中，应注意操作的规范性和安全性，仔细观察接口与线缆的特点，不能采用暴力拆卸和安装，要确保各配件的完好可用。

【实训准备】

本实训需准备一台用于进行拆卸操作的实训计算机，带磁性十字螺丝刀、尖嘴钳、镊子等实训工具各一把。

【实训思路】

本实训要先明确拆卸与安装的步骤，可列出拆卸与安装过程的操作要点，并记录拆卸与安装操作所花费的时间。此外，还可以设置评分规则，以便对拆装操作的完成度进行考核评价。

1. 拆卸过程操作要点

STEP 1　断开外部连接。

断开主机和显示器的电源开关，并将主机电源线、显示器电源线和数据线、鼠标和键盘连接线及其他外设连接线拔下，并放置在一边。

STEP 2　拆卸主机硬件。

释放身体静电，取下机箱侧面板，观察机箱内部各个配件的安装与连接位置。

遵循从易到难的原则，逐个拆卸内存、硬盘、光驱、显卡、声卡、CPU、电源等硬件及配套线缆，拔掉主板各种控制线和信号线，最后将主板拆卸下来，并清理各个硬件的灰尘，分类放置整齐。

2. 组装过程操作要点

STEP 1 安装主机硬件。

释放身体静电，准备相应的硬件、线缆和工具。

将 CPU、散热器、内存安装到主板上，将主板装进机箱中，然后安装显卡和其他扩展卡。

安装硬盘、光驱和主机电源，连接相应的电源线和数据线，并接上主板的信号线与控制线。检查主机内各个硬件是否已正确安装和连接，确认无误后盖上机箱侧面板。

STEP 2 安装外部设备。

连接显示器的电源线与数据线，连接键盘、鼠标、音箱等外设的线缆。

通电测试是否能正常开机与运行。

3. 完成度考核评价

正确、完整地完成全部步骤才算合格（基本分 100 分）。有以下情况之一的，将酌情扣分。

- 配件没有按规定安装：扣 30 分。
- 配件安装不正确或安装不牢固：扣 10~20 分。
- 线缆没有安装或安装不牢固：扣 10~20 分。
- 装机与拆机两个步骤没有全部完成：扣 30 分。
- 安装或拆卸不当导致配件损坏：计 0 分。

综合实训 2 在线模拟选配计算机

【实训要求】

本实训需根据图像设计师的职业工作特点，拟定一套设计型计算机的选配方案。通过模拟选配实训，掌握计算机各种硬件的配置与选购方法，并能够为不同的用户选择相应的计算机产品。

【实训准备】

本实训需准备一台能联网的实训计算机。此外，要先复习计算机各类硬件的功能特点、性能参数和选购方法，以做到心中有数。

【实训思路】

本实训通过中关村在线网模拟攒机频道，选择合适的硬件并搭配成一台计算机，同时生成产品报价单。

1. 模拟选配步骤

STEP 1 选择能满足设计所用的主机配件，重点为 CPU、主板、内存、硬盘（机械与固态）、显卡、电源等。

STEP 2 选择适合设计所用的外部设备，重点为显示器、键盘、鼠标、音箱等。

STEP 3 指定相应的计算机产品类型（这里选“图形音像型”）。

STEP 4 为本套计算机配置方案输入一个名称（如“设计型计算机”）。

STEP 5 预览计算机配置单。

STEP 6 检查本套计算机配置方案的硬件性能是否符合要求，方案是否具备性价比优势，并分组讨论各自的配置特点。

STEP 7 结合用户的实际需求，用 Word 软件编写一份图像设计型计算机的选配方案，简要阐述自己的配置思路与方案特色，注意遵循基本的文本编写规范。

2. 完成度考核评价

本套计算机配置方案需很好地满足用户的工作要求，并侧重整体的性价比（基本分 100 分）。有以下情况之一的，将酌情扣分。

- 方案缺少核心的主机部件：扣 30 分。
- 方案缺少主要的外部设备：扣 20 分。
- 硬件产品性能过低，无法满足用户要求：扣 20 分。
- 硬件产品存在兼容性问题，影响整机性能：扣 10 分。
- 硬件产品或整机价格过高，超过市场合理价位：扣 20 分。

在此基础上，可针对家用娱乐、商务办公、游戏竞技等使用需要，再分别制订一套计算机配置方案，并形成相应的文案。

综合实训 3 计算机设备巡检及保养和维护

【实训要求】

本实训将对本校的计算机设备进行一次可用性与安全性检查，并根据需要对计算机软、硬件系统进行简单的保养和维护，以确保计算机设备能够正常、高效地运作，排除使用上的安全隐患。

【实训准备】

本实训需根据自身实际条件来准备实训环境。任课教师可通过上机，指导学生对计算机的软件系统进行优化、清理、杀毒等维护实训，也可提供若干台实训用计算机，指导学生分组进行硬件的清洁保养实训。若条件允许，教师可带领技术维护小组对本校的计算机设备进行一次检查与保养实训。

【实训思路】

本实训分别检查计算机硬件与软件系统的可用状态，初步判断计算机存在的相关问题，从而对计算机开展相应的保养与维护工作。

1. 计算机硬件系统的保养和维护

STEP 1 检查市电接口、电源排插、电源接线等部件是否正常，是否存在烧坏、漏电等问题。如有问题则更换部件，或申请维修。

STEP 2 拆开机箱侧盖板，逐个检查 CPU、主板、内存、硬盘、显卡、电源等核心部件，看看是否存在安装不当、接触不良、接线不全、散热不良、灰尘过多、板卡变形、接口或硬件自身损坏等问题。如有问题记录下来并提交给任课教师，由教师指导学生进行保养和维护。

STEP 3 逐个检查显示器、键盘、鼠标、音箱等外部设备，看看是否存在接口有松动或损坏、针脚弯曲断裂、屏幕显示不清晰、键鼠操作手感异常等问题。如有问题记录下来并提交给任课教师，由教师指导学生进行保养和维护。

STEP 4 教师对本次保养维护进行归纳总结，并解答实训过程中遇到的问题。

2. 计算机软件系统的保养和维护

STEP 1 开机检查计算机是否能正常登录桌面，开机时间是否过长，系统运行是否正常，有无出现很慢或卡顿等问题。

STEP 2 检查 Office、Photoshop、输入法等常用软件是否能正常使用，能否正常上网，有无出现软件闪退、崩溃、无法打开、版本过低等问题。

STEP 3 检查计算机是否安装有防毒软件，是否正常更新病毒库，是否存在病毒感染和系统破坏等问题。

STEP 4　如出现上述问题，记录下来并提交给任课教师。由任课教师根据实际需要来指导学生进行维护，包括重装或修复软件、查杀病毒、优化系统、清理垃圾数据等措施。最后，任课教师对本次保养维护进行归纳总结。

3. 完成度考核评价

本次实训旨在让学生掌握计算机软、硬件保养和维护的基本思路，并熟悉一般性的操作方法。因此，本实训侧重于对计算机检测与维护能力的考查（基本分 100 分）。有以下情况之一的，将酌情扣分。

- 硬件存在安装不当或松动等问题，但未进行纠正：扣 20 分。
- 硬件接线不全或安装不正确，但未进行纠正：扣 20 分。
- 硬件存在其他明显问题，但未能发现并上报：扣 10 分。
- 系统或常用软件存在较大问题，但未能发现并上报：扣 10 分。

综合实训 4　计算机常见故障诊断与修复

【实训要求】

本实训将对计算机软、硬件系统存在的故障进行简单的诊断和修复。

【实训准备】

本实训需准备一台实训用计算机、一个 U 盘启动盘以及相应的维修工具。

【实训思路】

本实训将检测计算机在使用过程中是否出现故障，并诊断故障产生的可能原因，然后在任课教师的指导下，通过上网查阅资料或小组讨论寻找相应的解决方法，进而将故障导致的影响降至最低。

1. 检测计算机是否存在故障

STEP 1　通电开机，观察计算机能否正常启动，是否有报警音或异常画面，是否会死机或自动重启。如有问题记录下来。

STEP 2　观察计算机是否出现运行卡顿、键盘或鼠标无反应、软件运行出错或闪退、硬盘指示灯常亮、突然蓝屏或黑屏死机等问题。如有问题记录下来。

STEP 3 观察计算机能否正常使用 U 盘、移动硬盘或其他外部设备。

2. 修复计算机常见的故障

STEP 1 如碰到计算机故障，先初步判断属于硬件类故障还是软件类故障，定位故障发生的大概位置，并诊断产生该故障的可能原因。

STEP 2 如果是硬件故障，则检查硬件的安装、插槽、接线、外观、表面元件等是否有问题，排除接触不良、接线松动、接口损坏、灰尘过多、散热不好、静电积聚、硬件老化等常见故障，必要时可用其他硬件进行替换检测。

STEP 3 如果是软件故障，则检查系统、常用软件及网络的运行是否正常，是否有错误提示，有无病毒感染等问题，可根据症状采取升级补丁程序、更新软件版本、查杀病毒、修复软件、重装驱动程序或重装系统等措施。

STEP 4 如果计算机能正常使用，则插入 U 盘启动盘，用 Ghost 程序备份系统，并将系统镜像文件存入 U 盘中。

STEP 5 如果还有其他型号规格或核心硬件配置相同的计算机需要重装系统，可使用该 U 盘启动盘进行快速系统恢复。

3. 完成度考核评价

本实训主要考查学生对计算机常见故障的诊断、归纳与处理能力（基本分 100 分）。有以下情况之一的，将酌情加分或扣分。

- 计算机出现较大的软、硬件故障，但未能检测和处理：扣 20 分。
- 能检测到计算机的明显故障，但未能处理：扣 10 分。
- 需修复计算机时，未准备 U 盘或其他工具：扣 10 分。
- 能独立处理故障，或帮助他人处理故障：加 10 分。